TRANSMISSIONS

DE

LA PENSÉE

ET DE

LA VOIX

PAR

LOUIS DU TEMPLE

CAPITAINE DE FRÉGATE EN RETRAITE

Orné de 62 figures

DEUXIÈME ÉDITION

PARIS

LIBRAIRIE CLASSIQUE ET D'ÉDUCATION

Vᵉ MAIRE-NYON

A. PIGOREAU, SUCCESSEUR

13, QUAI DE CONTI, 13.

(Entre la Monnaie et l'Institut

TRANSMISSIONS

DE

LA PENSÉE

ET DE

LA VOIX

PARIS. — IMPRIMERIE GAUTHIER-VILLARS

55, QUAI DES GRANDS-AUGUSTINS, 55

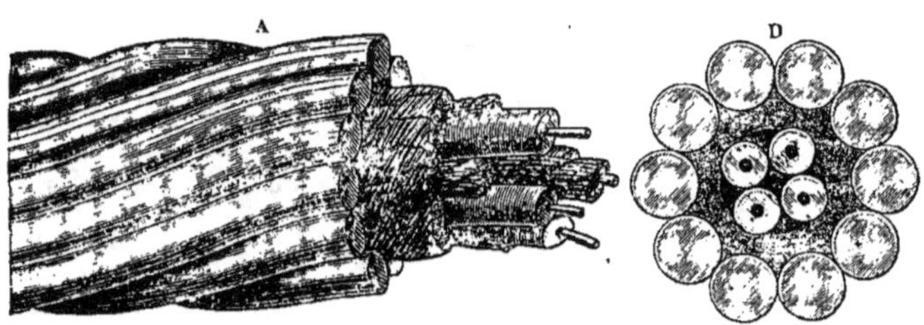

CABLE SOUS-MARIN

A. *Perspective.* D. *Coupe.*

PRÉFACE

Tout le monde, en France, reconnaît que l'instruction n'est pas assez répandue, qu'il faut la donner partout. Nos enfants, de ce côté, seront beaucoup mieux partagés que nous, et leur génération sera certainement plus instruite que la nôtre. Mais on ne fait et l'on ne fera des écoles que pour les enfants et les jeunes gens; et cependant les parents doivent pouvoir comprendre leurs enfants et les suivre dans leurs études. Aussi, beaucoup de vulgarisateurs cherchent à mettre les connaissances humaines à la portée de tous. Certes, les idées générales données ainsi ne sont pas la science, mais elles indiquent les principes fondamentaux dégagés de tout ce qui les accompagne dans les livres de science pure; elles montrent le but à atteindre; elles donnent des vues d'ensemble;

elles excitent le désir d'en savoir davantage, et,
ainsi, rendent plus facile l'étude sérieuse des
sciences.

Malheureusement les auteurs des ouvrages, écrits
pour tout le monde, ne s'astreignent pas assez à ne
donner que des idées justes sur toute chose; et,
parfois, ils faussent le jugement, en ne se mettant
pas complétement à la portée de leurs lecteurs.
Ces travaux sont, du reste, difficiles et bien ingrats;
ils demandent immensément de science et d'attention et souvent n'atteignent pas le but que l'on
s'était proposé.

Il faut craindre aussi de faire des demi-savants;
l'ignorance est mille fois préférable, disent ceux
qui voient avec peine l'instruction se répandre, à
cette science tronquée que nous cherchons à donner.
Je sais bien qu'il vaudrait mieux que le cultivateur
ne semât dans son champ que de la graine choisie
et nettoyée, mais il est bien difficile de s'en procurer. Il sème ce qu'il a, et, en fait, il récolte toujours
plus de bons grains que de mauvais. Pour quelques
mauvaises plantes qui se faufilent parmi les bonnes,
il n'abandonne pas ces dernières, et il a raison. Le
raisonnement des ennemis de la diffusion des lumières est un peu celui de ceux qui ne font pas

l'aumône, parce que ce qu'ils donneraient pourrait tomber dans les mains d'un misérable, qui irait le dépenser au cabaret.

Ne tenons aucun compte de ces raisons spécieuses; donnons l'instruction à flots partout; suivant nos ressources, venons au secours de tous ceux qui ont besoin, et ne nous inquiétons pas du reste.

Tout homme doit partager ce qu'il a avec ses semblables; c'est pour accomplir ce devoir que je cherche à communiquer le peu que j'ai appris.

Dans l'ouvrage qui suit ces réflexions, je vais présenter au lecteur, quel qu'il soit, l'ensemble des moyens que l'homme emploie pour communiquer sa pensée et faire entendre sa voix au loin. Trois de ses organes sont en jeu pour atteindre ce but : la vue, la voix et l'ouïe; je commence donc par donner une idée de ces organes et du langage.

Certaines découvertes entraînent l'humanité dans une voie nouvelle; l'invention du papier est dans ce cas; je donne l'historique de sa découverte, je montre comment il se fait et quelles sont les matières que l'on emploie pour sa fabrication. L'imprimerie, à laquelle nous devons la plupart des progrès réalisés, vient ensuite, suivie de la gravure, de la lithographie et de la photographie. Les dépôts métalliques jouent un grand rôle dans l'imprimerie et la gravure, — je parle de l'électro-métallurgie et de la galvanoplastie.

Viennent ensuite les télégraphes aérien, pneumatique et électrique. Pour ces derniers, je montre les principes sur lesquels repose la construction des différents systèmes employés aujourd'hui. Enfin, je donne une idée des nouvelles inventions de MM. Bell et Edison, qui certainement conduiront à des moyens nouveaux de transmettre la parole et la pensée de l'homme.

Louis DU TEMPLE.

TRANSMISSIONS
DE LA PENSÉE
ET DE LA VOIX

ORGANE DE LA VUE

ET MOYENS QUE L'HOMME EMPLOIE POUR LA CORRIGER ET LA MODIFIER.

STRUCTURE DE L'ŒIL. — La connaissance des phénomènes de la lumière, que vous avez maintenant, me permet de vous expliquer comment l'homme reçoit l'impression des objets qui l'entourent. Je vous donnerai d'abord une idée générale de la structure de l'œil ; je vous montrerai ensuite comment l'intelligence et les sciences conduisirent l'homme à corriger, à modifier et à étendre sa vue, bien au delà des limites qui semblaient tout d'abord lui avoir été tracées.

L'organe de la vue a la forme d'une sphère

1

irrégulière ; la partie principale se nomme le globe

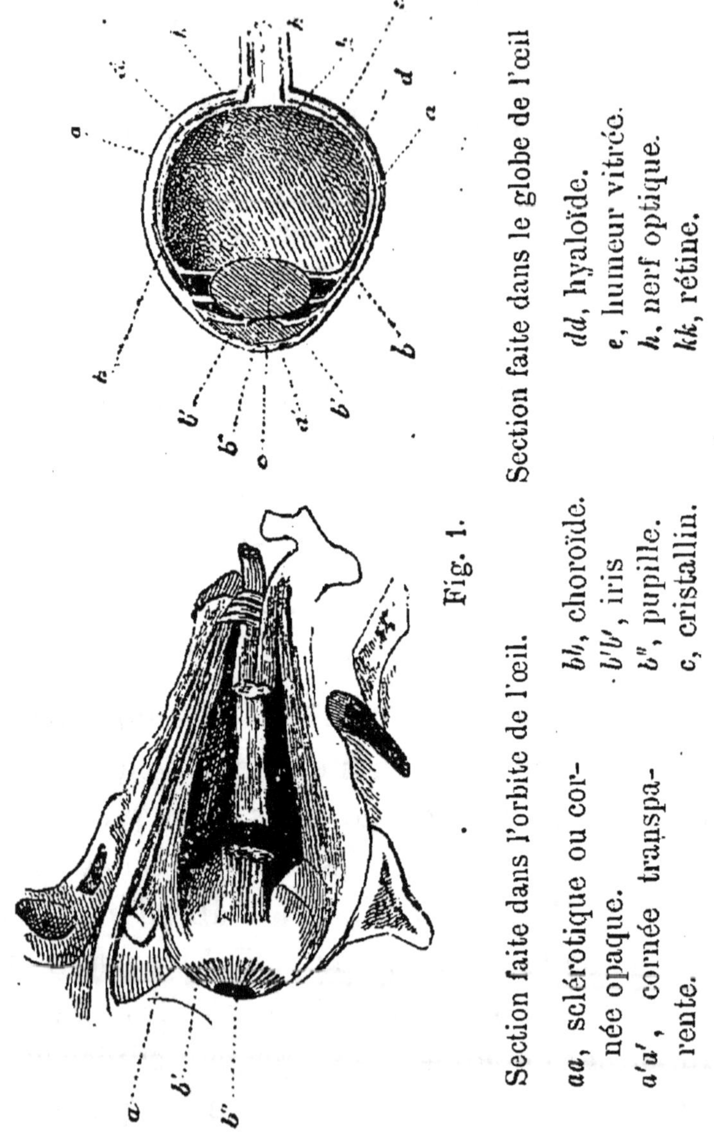

de l'œil (fig. 1); il est logé dans une cavité os-
seuse, l'*orbite*, qui protége une grande partie de

sa surface. Des organes accessoires se rattachent au globe de l'œil; les uns, extérieurs et en avant, les *paupières*, les *cils* et les *sourcils*, le garantissent contre la poussière et la lumière; les autres, intérieurs, comme les *muscles* et les *glandes lacrymales*, font mouvoir l'œil et lubrifient les parties libres. Enfin, le globe de l'œil communique avec le cerveau par le *nerf optique;* c'est ce dernier qui transmet les sensations éprouvées par le sens de la vue.

La partie gauche de la fig. 1 montre le globe de l'œil dans l'orbite ouvert, pour laisser voir l'intérieur; la partie droite représente le globe de l'œil sorti de son orbite, et coupé par un plan vertical.

La partie antérieure du globe de l'œil est une membrane fibreuse *aa*, opaque, d'un tissu épais et serré; on la nomme *sclérotique* ou *cornée opaque;* elle forme, en dehors, le blanc de l'œil. À la partie antérieure de l'œil *a'a'*, la cornée opaque s'amincit, ne devient qu'une pellicule d'une transparence parfaite, et forme, en avant, un segment sphérique dont la courbure est plus grande que celle du globe de l'œil: c'est la *cornée transparente*. Au dedans de cette première enveloppe s'étend une seconde membrane *bb*, nommée *choroïde*, constamment enduite d'un liquide noirâtre appelé *pigmentum;* derrière la cornée transparente, la choroïde forme une espèce de voile annulaire *b'b'* ou diaphragme, nommé *iris*, percé au centre d'un petit trou *b''*, appelé *pupille*. La choroïde s'unit intimement à la sclérotique à la naissance de la cornée transparente, au moyen de ligaments appelés *procès ciliaires*. La couleur de l'iris constitue celle des yeux ; l'iris peut se contracter ou se dilater, ce qui diminue ou augmente la grandeur de la pupille, suivant la quantité de lumière que doit recevoir l'œil.

Derrière la pupille, à une petite distance, se trouve une véritable lentille *c*, plus convexe en avant qu'en arrière, corps solide et transparent appelé *cristallin*. Il est enveloppé dans une membrane transparente qui s'attache, par tous les points de son contour, aux franges de la choroïde ou procès ciliaires. Derrière le cristallin, et remplissant tout le vide laissé entre ce dernier et la cornée opaque, est une poche formée par une membrane nommée *hyaloïde* et remplie d'un liquide appelé *humeur vitrée*. Ainsi, le globe de l'œil est partagé en deux chambres séparées par le cristallin et les procès ciliaires ; la première est remplie par un liquide réfringent, appelé *humeur aqueuse ;* la seconde contient l'humeur vitrée.

En arrière, vis-à-vis de la rétine, la sclérotique et la choroïde sont percées pour recevoir le *nerf op-*

tique, qui s'épanouit sur les parois de la choroïde et forme tout un réseau nerveux *kk*, nommé la *rétine*. Cette dernière est d'un gris blanchâtre et transparent ; c'est l'écran sur lequel viennent se reproduire les objets extérieurs.

Marche des rayons lumineux dans l'œil. — Si un point lumineux est placé à quelque distance en avant de l'œil et sur son axe, une partie des rayons tombe sur le blanc de l'œil et est irrégulièrement réfléchie dans tous les sens ; une autre partie traverse la cornée transparente et est arrêtée par l'iris, dont elle éclaire les contours ; enfin, le faisceau central éprouve un commencement de convergence en traversant l'humeur aqueuse, pénètre par la pupille, traverse le cristallin, est réfracté par lui comme il le serait par une lentille biconvexe, et vient, après avoir éprouvé une dernière réfraction au travers de l'humeur vitrée, se concentrer sur un même point de la rétine et sur l'axe de l'œil. Tous les autres points lumineux, en dehors de l'axe, forment, sur l'axe secondaire qui correspond à chacun d'eux, des images semblables. Il en résulte que, si un objet est devant l'œil, il se produit sur la rétine une petite image renversée de cet objet, ayant ses contours et ses couleurs.

Achromatisme de l'œil. — Les images sur la rétine, comme celles données par les prismes et les lentilles, devraient être colorées sur les bords. Puisqu'elles ne le sont pas, il y a achromatisme naturel, produit probablement par les différentes matières de l'œil, que les rayons traversent avant d'arriver sur la rétine, et dont le rôle n'est pas encore complétement connu.

Pour la netteté des images, qui existe toujours, que l'objet soit près ou éloigné de l'œil, il faut nécessairement que le cristallin ait la propriété de pouvoir se modifier, suivant les distances, en une lentille plus ou moins convergente, dont le foyer se trouve toujours sur la rétine ; et cette modification doit se faire en dehors de notre volonté et à notre insu, car nous n'en avons aucune conscience.

Images renversées sur la rétine. — Par quel phénomène les images, renversées sur la rétine, peuvent-elles nous paraître droites comme les objets qu'elles représentent? Mais, si tous les objets ont leurs images renversées, l'image de notre corps l'est aussi ; nous voyons donc, par le fait, tous les objets qui nous entourent, dans leurs véritables positions relatives. En outre, la conscience que nous avons de notre position, aidée par le sens du toucher, peut facilement déterminer la sensation qui nous fait voir tous les objets droits.

Superposition de deux images distinctes du même

objet, produites dans les yeux. — Évidemment, l'enfant qui commence à voir perçoit deux images séparées du même objet; des aveugles rendus à la vue ont parfaitement éprouvé cet effet. Le sens du toucher et l'habitude acquise font seuls rapporter ces deux images à un même objet. Vous pouvez de suite acquérir la preuve que ces deux images existent réellement : dérangez l'axe optique de l'un de vos yeux, en pressant légèrement le globe de l'un d'eux avec le doigt, les deux images cessent de se produire sur les points des deux rétines où vous êtes habitué de les voir se correspondre, elles se séparent, et vous les voyez distinctement.

Persistance des sensations lumineuses. — Faites tourner rapidement un charbon allumé, vous verrez un cercle lumineux; cette illusion est produite par la persistance de l'image du charbon sur la rétine au point de départ jusqu'au point d'arrivée, c'est-à-dire pendant une révolution complète. Pour produire ce phénomène, il faut donner au charbon une vitesse assez grande pour qu'il soit impossible de le suivre pendant qu'il parcourt la circonférence.

Sur un disque de carton, pouvant tourner autour de son centre, collez un petit morceau de papier rouge, et faites tourner; quand le mouvement aura acquis une certaine vitesse, il semblera que le disque est bordé d'un cercle rouge. Mettez à côté du

morceau de papier rouge un morceau de papier
jaune, à la même distance du centre, et tournez ; le
cercle entourant le disque sera orangé. Non-seulement les deux couleurs forment un anneau circulaire continu, mais encore elles se combinent pour
faire une couleur composée. Si vous placez ainsi
toutes les couleurs du spectre solaire, en donnant à chaque morceau de papier une largeur en
rapport avec l'espace occupé par la couleur qu'il représente dans le spectre, et que vous fassiez tourner
rapidement, vous ne verrez plus que du blanc, ou
du moins une teinte grise, dans laquelle aucune
des couleurs du spectre ne dominera.

Les rayons d'une roue de voiture, qui tourne très-
vite, disparaissent ; une corde tendue, que l'on fait
vibrer, semble être plus large au milieu qu'aux
extrémités ; une étoile filante laisse derrière elle
comme une queue de feu. Toutes ces illusions et
beaucoup d'autres sont dues à la persistance des
sensations lumineuses sur la vue.

Vues imparfaites. — *Visions multiples.* — Certaines personnes voient plusieurs images du même
objet avec un seul œil ; il ne faut pas confondre ce
phénomène avec celui de la vue double avec les
deux yeux. Vous connaissez l'explication de ce dernier phénomène ; quant au premier, il n'est pas encore expliqué complétement ; il dépend probable-

ment des divers plans de fibres dont se compose chaque couche du cristallin.

Demi-visions. — D'autres personnes ne voient que la moitié des objets ; ce phénomène, très-rare du reste, est resté sans explication.

Appréciation des distances malgré les illusions produites par le sens de la vue. — Lorsque l'on fixe un objet, les axes des deux yeux forment entre eux un angle, appelé *angle optique* ; il est d'autant plus grand que l'objet est plus près, et d'autant plus petit que l'objet est plus éloigné. La sensation que nous éprouvons pour diriger le globe de nos yeux sur un même objet, qui s'éloigne ou qui se rapproche, peut évidemment être pour nous un moyen d'estimer les distances ; mais ces appréciations ne doivent avoir une certaine valeur que quand nous avons acquis l'habitude d'établir une relation entre la distance des objets et les mouvements correspondants de nos yeux. Jusque-là, nous commettons bien des erreurs que le sens du toucher nous révèle souvent.

Quand l'éloignement est considérable, l'intensité plus ou moins grande de la lumière qu'ils nous envoient peut donner une idée de leur distance ; mais il faut alors tenir compte des conditions de l'atmosphère, qui modifient considérablement la lumière.

L'angle visuel est l'angle sous lequel se voit un

1.

objet, ou mieux l'angle formé au centre de la pupille par la rencontre des lignes droites partant des
extrémités opposées d'un objet ; ces deux lignes,
après avoir traversé le cristallin, forment un autre
angle opposé au premier et dans lequel est comprise
l'image produite sur la rétine. Ces angles augmentent ou diminuent suivant que l'objet se rapproche
ou s'éloigne ; par suite, nous ne voyons que la grandeur apparente des objets. Nous serions donc sans
cesse exposés à des erreurs, si l'expérience ne nous
enseignait pas qu'il faut, pour se rendre compte de
la grandeur réelle d'un objet, combiner sa grandeur apparente avec la distance à laquelle nous
nous trouvons de lui. Ainsi, quand vous regardez
une longue rangée d'arbres ou une rue droite, il
vous semble que les deux côtés de l'allée ou de la
rue se rapprochent à mesure qu'ils sont éloignés de
vous, et cependant ces côtés restent à la même distance l'un de l'autre ; les arbres, les maisons, en
supposant qu'ils soient tous de la même hauteur,
semblent aussi aller en diminuant. Le sommet
d'une tour, que l'on regarde du pied, semble tomber ; une rivière, qui s'étend au loin, paraît plus
élevée dans les parties éloignées que dans celles
plus près.

Ces exemples, et beaucoup d'autres que je pourrais citer, sont des illusions qui n'ont aucune in-

fluence sur les jugements que nous portons, puisque nous savons que les allées et les rues ont la même largeur dans toute leur longueur, que les arbres et les maisons ont la même hauteur, que les tours sont verticales et que les rivières sont horizontales.

Comment l'homme corrige les défauts de sa vue. — D'après ce qui précède, vous comprenez que pour bien voir il faut deux conditions essentielles : 1° Les rayons lumineux doivent arriver sur la rétine; 2° le nerf optique doit transmettre les impressions qu'il reçoit.

Ainsi, on peut perdre la faculté de voir, ou devenir aveugle : par la formation de taies qui se produisent quelquefois dans l'épaisseur de la cornée transparente, et qui masquent entièrement l'ouverture de lapupille ; par l'opacité du cristallin, qui ne laisse plus passer les rayons lumineux ; et, enfin, par l'insensibilité, la paralysie du nerf optique.

Presbytes, myopes. — Le cristallin n'est pas une lentille ordinaire ; il peut se modifier de telle sorte que l'image des objets vienne toujours se peindre sur la rétine. Cependant, ce phénomène est soumis à quelques restrictions; ainsi, quand un objet est trop éloigné, l'angle visuel devient très-petit, et les détails échappent complétement; si, au contraire, l'objet est à toucher l'œil, l'image est confuse, parce qu'elle se forme derrière la rétine. Évidemment, entre ces deux limites, il y a un point où la vision se produit sans effort, et avec toute la netteté désirable. La distance de ce point au globe de l'œil est ce qu'on nomme la *distance de la vue distincte*. Elle est de 30 centimètres pour les bonnes vues; c'est celle à laquelle les personnes qui voient bien placent l'objet dont elles veulent saisir tous les détails. Mais tout le monde n'a pas une bonne vue; les uns sont obligés de mettre les objets à plus de 30 centimètres de leur œil, ils ont la *vue longue;* les autres les placent plus près, ils ont la *vue courte* ou *basse*. Les premiers sont appelés *presbytes*, les seconds *myopes*.

Les presbytes voient parfaitement les objets éloignés et ne voient pas ceux placés près de l'œil; les myopes, au contraire, voient les objets rapprochés et ne distinguent pas ceux éloignés. Les premiers s'éloignent de l'objet qu'ils veulent voir ; les seconds s'en rapprochent quelquefois au point de mettre le nez dessus.

On devient en général presbyte avec l'âge ; on corrige ce défaut au moyen de *besicles* ou de *lunettes* portant des lentilles convergentes, qui donnent la faculté de voir à 30 centimètres. Mais il faut que le pouvoir convergent des verres employés soit en rapport avec l'affaiblissement de la vue. On est complétement presbyte quand on ne voit bien que les objets qui envoient des rayons parallèles ; il faut donc alors mettre devant l'œil une lentille ayant une distance focale principale de 30 centimètres. Alors les rayons lumineux qui émanent des objets rapprochés sont rendus parallèles, après leur réfraction, comme s'ils venaient d'objets très-éloignés. On est presbyte à un moindre degré quand on peut lire, par exemple, à 1^m, $0^m.80$, $0^m.60$, $0^m.40$; alors il faut des lentilles ayant une distance focale principale plus considérable que $0^m.30$. Les calculs conduisent aux distances focales suivantes : $0^m.45$, $0^m.48$, $0^m.60$, $1^m.20$. Mais les lunettes des presbytes font diverger les rayons des objets placés à une plus grande distance que leur foyer principal, et les images ne sont plus nettes ; aussi les presbytes ôtent leurs lorgnons, leurs lunettes ou leurs besicles pour regarder les objets un peu éloignés.

Pour les myopes, la distance de la vue distincte est plus petite que 30 centimètres ; ils ne peuvent voir nettement que quand les rayons sont très-divergents. On corrige ce défaut au moyen de lentilles divergentes, dont la divergence est en rapport avec le degré de myopie. Les lunettes des myopes rendent plus nettes les images de tous

les objets situés à une distance plus grande que
30 centimètres, car les rayons lumineux arrivent
aux yeux avec une divergence plus grande que celle
qu'ils avaient, et les objets sont vus comme s'ils
étaient plus près qu'ils ne le sont véritablement.

ORGANE DE LA VOIX CHEZ L'HOMME

Quelques mots sur l'organe de la voix de
l'homme sont indispensables pour l'intelligence de
ce qui va suivre.

L'organe de la voix peut être comparé à un instrument à vent. La partie principale est un tube ou
canal A (fig. 2) composé d'anneaux cartilagineux
et d'anneaux membraneux, alternativement. C'est
par ce canal, appelé le *larynx*, que passe l'air venant de la poitrine, pour arriver à l'extrémité supérieure où se trouve l'appareil vibrant B, appelé la
glotte. C'est une fente triangulaire oblongue, fermée par le rapprochement des parois du larynx et
dont l'ouverture peut varier de forme et de grandeur, sous l'action de certains muscles. Il en résulte des modifications diverses pour les sons produits par l'air, qui traverse cette ouverture. Ce qui
prouve que la glotte joue un grand rôle dans la voix.

c'est que, si le larynx est ouvert au-dessous, ou s'il y a paralysie des muscles qui font mouvoir cet organe, la voix disparaît.

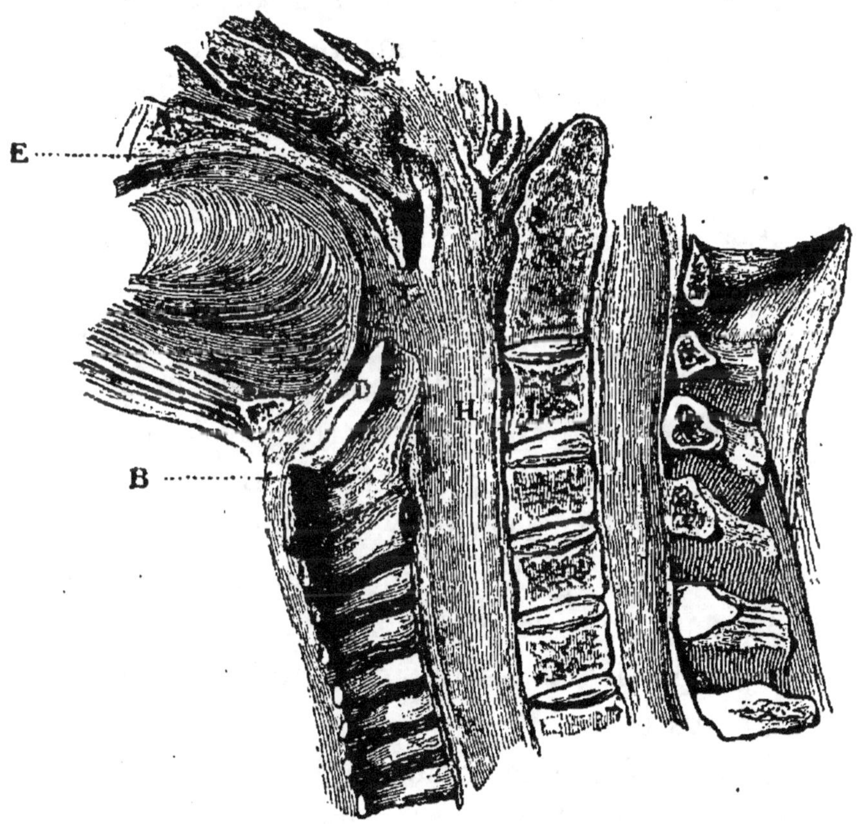

Fig. 2.

Au-dessus de la glotte, le larynx, après s'être renflé, se rétrécit pour former un passage étroit C. au-dessus duquel est une espèce de petite languette D, appelée *épiglotte*, dont la fonction principale semble être de fermer le passage du larynx à tout corps étranger venant de la bouche E. Les vibrations de la glotte se transmettent à l'air contenu dans la partie G, nommée le *pharynx*, à laquelle aboutit la cavité E de la bouche et celle du nez. Dans le pharynx donne encore un autre tuyau H, nommé l'*œsophage*, par lequel l'air extérieur va directement de la bouche et du nez dans la poitrine.

Les savants ne sont pas d'accord sur la manière dont se forme la voix; tous reconnaissent bien qu'elle est produite par le larynx et les différents organes dont je viens de vous parler, mais les uns veulent que ce soit un instrument à corde, les autres un instrument à anche. D'autres, enfin, voient dans l'espace renflé du larynx, compris entre la glotte et l'épiglotte, une forme se rapprochant beaucoup de celle des *appeaux*, instruments employés par les chasseurs pour imiter les cris des animaux et les attirer.

Pour expliquer le nombre presque infini des sons divers que peut émettre l'appareil vocal que nous possédons, il faut tenir compte, non-seulement des changements de forme que peut subir la glotte, mais encore admettre que des modifications presque sans nombre peuvent être produites sur les sons émis par l'épiglotte, les fosses nasales, la bouche, la langue, les dents et les lèvres. C'est,

du reste, à l'action de ces trois derniers organes
que sont dus les sons articulés ou les paroles.

On dit qu'une personne enrhumée du cerveau
parle du nez ; c'est une explication fausse de ce
phénomène. Le rhume de cerveau est une affection
des muqueuses, qui tapissent le palais et les fosses
nasales ; cette affection empêche les sons émis de
passer librement par le nez, et c'est précisément
ce fait qui modifie la voix. Les personnes qui ont
cette infirmité sans avoir les muqueuses malades
ont, de naissance, les fosses nasales trop étroites.
L'absence de dents sur l'avant de la bouche rend
la parole difficile ; il en est de même lorsque les
lèvres sont fendues.

ORGANE DE L'OUIE

L'appareil auditif est, comme vous le savez,
l'oreille. Dans cet organe, comme dans tous les
autres, il y a encore beaucoup de parties dont on
ne connaît pas exactement la raison d'être, ou les
fonctions spéciales ; mais la science est assez avancée pour faire comprendre combien la création est
sublime dans ses moindres détails, et que toujours
l'homme aura à apprendre et à admirer.

On divise l'oreille en trois parties, indiquées par

les fonctions qu'elles remplissent : 1° *l'oreille externe*, qui recueille les sons ; 2° *l'oreille moyenne*, ou *cavité du tympan*, qui les transmet ; 3° *l'oreille interne*, ou *cavité du labyrinthe*, qui les fait percevoir.

L'*oreille externe* (fig. 3) comprend le pavillon A

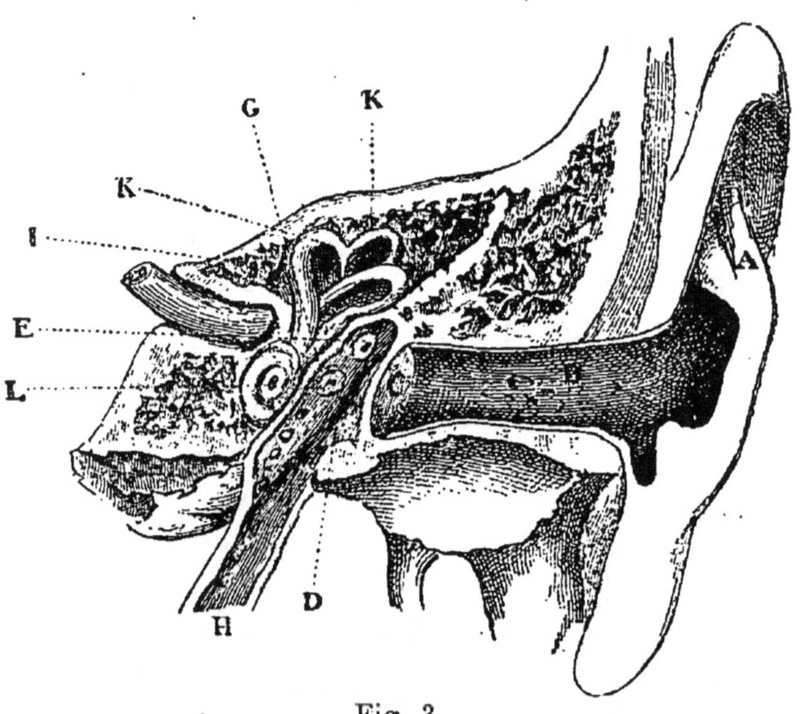

Fig. 3.

et le *conduit auditif* B, fermé par une membrane C, appelée *tympan*. Les ondes sonores sont recueillies par le pavillon et dirigées par lui dans le conduit auditif. Elles viennent ainsi frapper le tympan.

L'*oreille moyenne* comprend la membrane C du

tympan, la cavité D qui est derrière, appelée *caisse du tympan*, et les *osselets*, que l'on ne voit pas dans la figure. Dans la caisse du tympan, il y a plusieurs ouvertures. E et G sont nommées, la première *fenêtre ovale*, et la seconde *fenêtre ronde*. Elles sont fermées par une membrane qui sépare l'oreille moyenne de l'oreille interne. Au-dessous se trouve l'orifice H de la *trompe d'Eustache*, canal qui amène l'air de la partie supérieure du pharynx dans la cavité du tympan. Les osselets, au nombre de quatre, relient la membrane du tympan à celle de la fenêtre ovale, et semblent destinés à communiquer les vibrations de la première à la seconde ; on les distingue par des noms en rapport avec leur forme ; le *marteau*, l'*enclume*, l'*os lenticulaire* et l'*étrier* vont, en s'articulant, de la membrane du tympan à la fenêtre ovale.

L'*oreille interne*, ou le *labyrinthe*, se compose de trois parties distinctes : le *vestibule* I, les *canaux semi-circulaires* K et le *limaçon* L. Le *vestibule* est une cavité située au centre du labyrinthe et communiquant avec la caisse du tympan, les canaux semi-circulaires et le limaçon. Les canaux semi-circulaires sont au nombre de trois et en forme d'anses ; le limaçon est la partie de l'appareil auditif la plus remarquable par la délicatesse et le perfectionnement de ses détails. C'est un cône creux, dont la cavité est divisée en deux parties par une cloison. Le vestibule et le limaçon sont remplis de liquides dans lesquels s'épanouit le *nerf acoustique*.

On explique la transmission des sons au nerf acoustique de la manière suivante : Les ondes de l'air produites par un son quelconque sont rassemblées par le pavillon, dirigées dans le conduit auditif et agissent sur le tympan, qui entre en vibration. Ces vibrations se transmettent au fond de la caisse du tympan par l'air qui la remplit et qui les communique aux membranes des deux fenêtres, dont la tension peut subir des modifications très-variées, et dont les mouvements sont encore soumis à l'action de la chaîne des osselets. Enfin, les membranes des deux fenêtres transmettent leurs vibrations aux liquides du labyrinthe, qui ébranle le nerf acoustique, l'organe immédiat de la sensation.

L'étude du sens de l'ouïe chez l'homme montre la prévoyance infinie du grand Ordonnateur de toutes choses ; il a voulu que ce sens pût, en quelque sorte, remplacer la vue, alors que celle-ci ne peut être d'aucun secours. On sait bien la marche des vibrations depuis le fond du conduit auditif jusqu'au nerf acoustique, mais on est loin de connaître le rôle précis de chacun des détails de la construction si compliquée de l'oreille. Du reste, tous ne semblent pas indispensables ; ainsi, le pavillon peut être détruit, la membrane du tympan déchirée, la trompe d'Eustache bouchée, sans que l'ouïe soit entièrement perdue ; les vibrations de l'air extérieur peuvent encore arriver au nerf acoustique, mais l'audition est toujours modifiée. Il est donc évident que toutes les parties de l'oreille remplissent des fonctions plus ou moins utiles. Quant à celles dont on ignore le rôle, elles doivent contribuer à la prodigieuse sensibilité de l'oreille, qui distingue tant de nuances dans les sons qui arrivent jusqu'à elle.

COMMENT L'HOMME FAIT ENTENDRE SA VOIX AU LOIN, COMMENT IL PEUT CONVERSER AVEC SON SEMBLABLE A GRANDES DISTANCES, ET COMMENT IL PARVIENT A DIMINUER LES IMPERFECTIONS DE L'OUÏE.

La voix de l'homme est plus ou moins forte ; mais, quelle que soit sa puissance, elle ne peut se faire entendre qu'à une petite distance ; et cette petite distance est encore dépendante des circonstances atmosphériques.

Sur le pont d'un navire, quand il faut lutter contre le bruit du vent et de la mer, l'officier serait dans l'impossibilité de se faire entendre, même de ceux qui sont près de lui; s'il n'avait pas un moyen de dominer ce bruit.

Porte-voix. — Ce moyen est le porte-voix, représenté par la figure 4. C'est un cône métallique

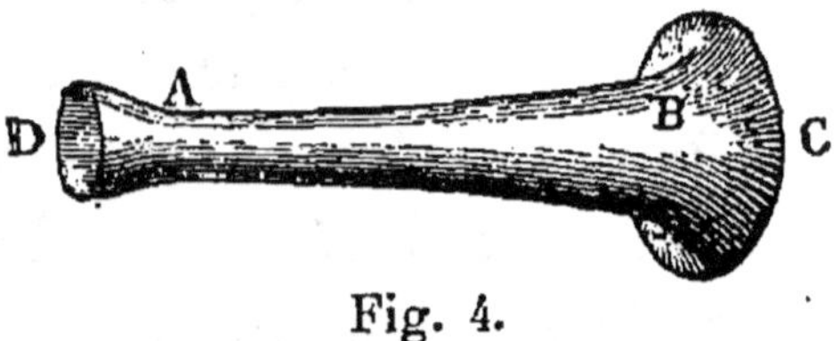

Fig. 4.

AB. A la partie la plus évasée est soudée une portion de cône C, plus évasée que la première, et qu'on nomme *pavillon*. A l'autre extrémité A est fixée une espèce d'embouchure D, qui permet d'approcher la bouche très-près de la partie ouverte du porte-voix et de parler très-distinctement.

Il est facile de se rendre compte de l'avantage fourni par la forme conique du tube AB : le son produit à l'embouchure A se réfléchit sur les parois intérieures, en faisant toujours des angles de réflexion égaux aux angles d'incidence ; par suite, les rayons sonores, dans leurs réflexions successives, tendent de plus en plus à devenir parallèles à l'axe du cône et à former un faisceau unique. Quant au pavillon, la théorie ne rend pas bien compte de ses avantages, qui sont cependant réels.

Pour parler à la mer à un navire qui passe, on emploie un grand porte-voix, appelé *braillard;* il est ordinairement composé de deux parties qui rentrent l'une dans l'autre.

Sur les navires de guerre, le commandant peut donner directement ses ordres dans les différentes parties du bâtiment au moyen de porte-voix qui traversent les différents ponts et dont les embouchures sont toutes à l'endroit où il se tient pendant le combat. Au pavillon de chacun de ces porte-voix, dans les manœuvres, est un homme qui se tient prêt à répondre.

Cornets acoustiques. — En mettant l'oreille à l'embouchure d'un porte - voix, on entend distinctement des bruits que l'oreille seule ne peut saisir, parce qu'ils se confondent avec beaucoup d'autres. Les ondes sonores sont en quelque sorte condensées en passant du pavillon à l'embouchure. Pour les grands porte-voix dont je vous parlais tout à l'heure, il suffit de parler très-bas dans le pavillon pour se faire parfaitement entendre de la personne qui a l'oreille à l'embouchure.

On utilise cette propriété des porte-voix pour faire entendre, non pas les sourds, mais ceux qui ont l'oreille dure; il suffit qu'ils appliquent à leur oreille l'embouchure d'un petit porte-voix, dont le pavillon est tourné du côté de la personne qui parle.

Tuyaux acoustiques. — La propagation du son dans les tuyaux a été utilisée dans ce qu'on nomme les tuyaux acoustiques, que l'on place partout maintenant, pour communiquer d'un endroit à un autre. Ils permettent à un maître ou une maîtresse de maison, sans sortir de sa chambre, de donner des ordres à ses domestiques dans les différentes parties de l'habitation, et de recevoir les renseignements qu'ils demandent. Ils mettent en communication directe le directeur d'une administration avec tous ses employés. Par ces dispositions si simples, on diminue le nombre des domestiques, on simplifie le rouage d'une administration et on économise le temps.

Ordinairement, ces tuyaux sont en plomb ; ils suivent les cloisons, traversent les planchers et viennent se terminer par un bout de tuyau en caoutchouc, qui permet de porter le tube à l'oreille ou à la bouche.

Les extrémités des bouts en caoutchouc portent, à cet effet, une embouchure de porte-voix A (fig. 5), dans laquelle entre, à volonté, un sifflet B. En général, le sifflet doit toujours être dans l'embouchure ; si l'on veut interpeller celui avec lequel on est en communication, on retire le sifflet et, appliquant la bouche sur l'embouchure, on souffle dans le tube. L'air, mis en mouvement, fait parler le sifflet placé à l'autre extrémité du tube. C'est

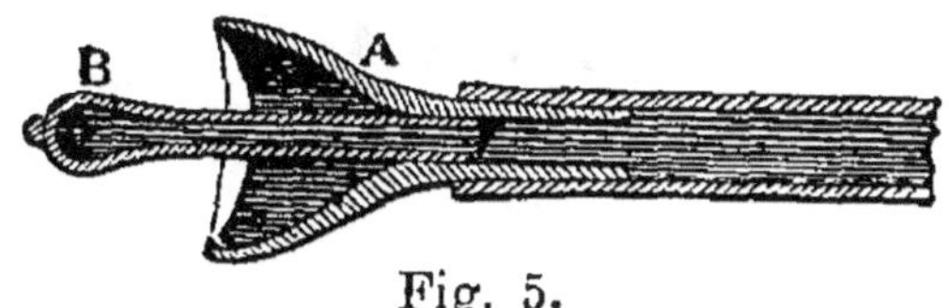

Fig. 5.

un signal d'avertissement; celui qui le reçoit retire à son tour son sifflet et souffle dans le tube, ce qui fait parler l'autre sifflet, qui a été remis de suite à sa place.

Dès lors, les deux personnes placées aux extrémités du tuyau savent qu'elles peuvent se communiquer leurs pensées. De part et d'autre, les sifflets sont retirés ; la première personne dit dans son embouchure ce qu'elle veut porter à la connaissance de la seconde personne, qui approche son embouchure de son oreille ; elle répond s'il y a lieu, et, quand les communications sont terminées, les sifflets sont remis dans les embouchures.

Quand je vous parlerai des télégraphes électriques, je reviendrai sur les tuyaux acoustiques.

LANGAGE

Chers lecteurs, plus tard on vous parlera de l'origine des langues; ici je ne vous donnerai que le sens que j'attache au mot langage, et quelques idées générales qui suffiront pour nous comprendre.

Par le mot langage, j'entends tout système de signes servant à transmettre des impressions ou des idées; ainsi, le langage parlé emploie des signes s'adressant au sens de l'ouïe; le langage écrit ne s'adresse qu'aux yeux, soit au moyen de gestes, soit au moyen de signes tracés. Avec cette définition, je peux dire le langage des yeux, le langage des animaux, celui des fleurs, etc.

Idées générales sur l'origine des langues. — En laissant de côté tous les systèmes différents inventés pour remonter à l'origine des langues, on peut admettre que, dès que plusieurs hommes se trouvèrent réunis, ils durent.chercher à se communiquer leurs pensées ou leurs idées, qui étaient du reste peu nombreuses dans ces temps primitifs. Car alors toute l'existence de l'homme consistait à se défendre et à se nourrir; par suite, à fuir ou à attaquer ses ennemis, à poursuivre et à atteindre la proie convoitée. Pour indiquer la rencontre d'un animal quelconque, connu de tous, on dut imiter son cri, figurer sa démarche, tracer sa forme sur le sable ou sur la terre. Plus tard, les idées devenant plus nombreuses, d'autres sons, d'autres gestes, d'autres signes tracés furent ajoutés aux premiers. Le vocabulaire du langage se transmit aux enfants, qui l'augmentèrent et le transmirent à leur tour, et ainsi de suite jusqu'à nous.

L'œuvre, commencée il y a si longtemps, est poursuivie par nous, et sera continuée par ceux qui viendront après nous; parce que chaque jour des idées et des découvertes nouvelles nécessitent la formation de nouveaux mots.

Ainsi donc l'homme put très-bien créer un langage pour s'entendre avec ses semblables. Les différences entre les langues parlées de nos jours ne sont pas une objection indiscutable à l'idée d'une langue primitive, d'où découleraient toutes les autres. Car, on peut admettre que ce langage primitif, que chacun parlait à sa manière, dut se modifier, s'altérer, changer complétement avec le temps. Quand les hommes augmentèrent de nombre, ils durent se séparer pour aller chercher ailleurs leurs moyens d'existence, qui n'étaient plus suffisants dans les lieux qu'ils habitaient. Le langage, emporté par les émigrants, dut subir bien des modifications dépendant du climat, de la nature du pays et des ressources alimentaires. Le défaut de communications entre ceux partis et ceux restés dut contribuer aussi beaucoup à l'établissement de langages complétement différents les uns des autres.

Quand, par la suite, les hommes formèrent des nations, les langages devinrent des langues. Les populations augmentant toujours, de nouvelles séparations eurent lieu; les plus forts chassèrent les plus faibles, qui allèrent chercher leur vie plus loin, et de nouvelles langues furent créées.

Mais des obstacles, comme des fleuves, des mers, des montagnes couvertes de neige, des déserts, arrêtèrent les essaims qui allaient toujours rayonnant dans toutes les directions. Ces peuplades se multipliant et ne trouvant plus de quoi vivre, durent revenir sur leurs pas; c'est ainsi que se formèrent ces grandes migrations qui vinrent du nord. Quoique les vainqueurs imposassent leur langage aux vaincus, les langues se mêlèrent de nouveau ; et c'est peut-être à ces événements, qui troublèrent pendant si longtemps le monde, que l'on doit les quelques traces de langues primitives qui se trouvent dans les langues qui nous sont parvenues et, par suite, dans celles que nous parlons aujourd'hui.

Du reste, le langage primitif ne put être créé tout à coup ; bien des générations, bien des siècles durent se succéder, d'autant plus que son développement dépendait essentiellement des progrès de l'intelligence de l'homme, du nombre toujours plus grand de ses idées, de ses pensées et de ses passions.

Les premiers hommes ont laissé bien peu de traces de leur passage, des cataclysmes ont effacé leurs pas ; l'histoire de l'humanité ne date que du jour où l'homme, ayant développé dans une certaine mesure le langage des signes tracés, put transmettre à ses descendants ses pensées, ses observations. Antérieurement à cette époque, on ne peut faire que des conjectures basées sur les découvertes géologiques.

Langage écrit. — L'homme ne put longtemps se contenter du langage parlé, qui ne lui permettait d'exprimer sa pensée qu'à ceux qui l'entouraient ; il traça des signes sur des écorces d'arbres, sur des feuilles de plantes ; c'est ainsi que l'écriture fut inventée. Il chercha à reproduire la forme des objets qui étaient devant lui ; tels furent les commencements du dessin. Ces traits s'effacèrent, il les creusa dans le bois, dans la pierre, dans des plaques de métal, et la gravure était inventée. Ainsi de tout dans ce monde ; l'homme, poussé par la nécessité, cherche et trouve ; il met parfois des milliers d'années à arriver au but, mais il y arrive toujours.

Grandes inventions modernes. — Ce n'est guère que dans les temps modernes que de grandes découvertes parurent, et exercèrent une influence immense sur l'état social. De l'invention de l'imprimerie, qui porta d'un bout du monde à l'autre les travaux des uns et des autres, qui mit en relations continuelles, en communication d'idées les différents peuples, date surtout une nouvelle phase dans l'histoire de l'humanité. Le dessin, la gravure, la lithographie furent la conséquence de l'invention du papier et de l'imprimerie ; la photographie, la galvanoplastie vinrent ensuite augmenter les moyens de transmettre la pensée humaine, auxquels s'ajoutèrent les signaux et les télégraphes. Avec le télégraphe électrique, l'homme peut aujourd'hui converser avec son semblable, à quelque point du globe qu'ils se trouvent, comme s'ils étaient réunis dans la même chambre. Et ne pensez pas que tout soit dit, même de ce côté ; l'homme cherche mieux et il trouvera. Et, quand il aura trouvé, il cherchera encore et toujours.

Telles sont, chers lecteurs, les grandes inventions dont je vais essayer de vous donner une idée, en vous montrant les principes scientifiques sur lesquels elles reposent.

PAPIER

—

Historique. —Je commencerai par le papier, qui joue un si grand rôle dans les relations des hommes entre eux.

Au dire de Pline (1), les anciens écrivirent d'abord sur des feuilles de palmier, puis sur des écorces d'arbres. Le mot livre vient de *liber*, mot latin, qui veut dire écorce. On employa ensuite des tablettes enduites de cire, puis vint l'usage de l'é-

(1) Pline (*Caïus Plinius, secundus*), surnommé l'ancien ou le naturaliste, un des hommes les plus instruits que l'humanité ait possédés. Il est l'auteur de bien des ouvrages; le seul qui nous soit resté est son *Histoire natu- relle*, qui renferme le resumé de tout ce qui composait la science de son temps. Il naquit à Côme, ville d'Italie, en 23, et mourut en 97, victime de son amour pour l'étude, en voulant observer de trop près l'éruption du Vésuve, qui engloutit Herculanm et Pompéia.

corce d'une espèce de roseau qui croît sur les bords du *Nil*, fleuve de l'Égypte, et qu'on nommait en latin *papyrus*, d'où est venu le nom de papier. On écrivait dessus au moyen d'un roseau taillé ou d'une pointe ou *stylet* en os ou en métal. L'usage du papyrus semble remonter à une très-grande antiquité, près de 1,200 ans avant Jésus-Christ; en France et en Allemagne, au v° et au vi° siècle, on ne se servait pas d'autre matière pour écrire.

Bien avant Jésus-Christ, le papyrus devenant très-rare, on prépara des peaux à *Pergame*, ville de l'Asie Mineure, pour le remplacer, d'où est venu le nom de *parchemin*. Pendant le vii° et le viii° siècle, les troubles survenus en Orient empêchèrent de se procurer des papyrus; c'est alors que le nord de l'Europe employa le parchemin; mais on l'abandonna quand les circonstances permirent de revenir au papyrus, qui était encore en usage, au xii° siècle.

Le papier, dont nous nous servons aujourd'hui, semble avoir été connu depuis bien longtemps par les Chinois; vers le iv° siècle, les Orientaux employèrent le papier de coton; les Maures établis en Espagne fabriquaient du papier de chanvre, de lin et de coton. Quoi qu'il en soit, ce ne fut qu'en 1340 que l'on vit des manufactures de papier en France; la plus ancienne feuille de papier de chiffons, découverte dans les archives de *Nuremberg*, ville de Bavière, ne date que de 1310.

Il est bien difficile de préciser l'époque de l'invention du papier ; il en est de même pour toutes les grandes inventions ; il faut, pour les compléter, tant de générations d'inventeurs ou d'ouvriers, un nombre si considérable d'années et même de siècles, que les noms s'oublient, que les dates se perdent.

Papyrus. — Le papyrus, dont je viens de vous parler, se fabriquait de la manière suivante : On séparait les lames minces qui composent la tige du roseau ; plus elles approchaient du centre et plus on les recherchait pour leur blancheur et leur finesse. On étendait ces lames ou feuillets, on les imbibait de l'eau du Nil, qui servait de colle ; on croisait ces premiers feuillets en posant par-dessus d'autres feuillets. En continuant ainsi à superposer plusieurs lames de roseaux, on formait une feuille de papier, que l'on mettait sous presse ou que l'on frappait avec un marteau.

Dans les cercueils qui contiennent des *momies*, nom donné aux corps embaumés des anciens Égyptiens, on trouve des papyrus qui ont jusqu'à quinze mètres de longueur ; ils sont roulés et placés le plus souvent dans la main du cadavre.

Papier d'écorce d'arbre. — Comme je vous l'ai déjà dit, on ne faisait pas seulement du papier avec le papyrus, on employait aussi des pellicules de bois ; on utilisait surtout celles fournies par le tilleul, l'érable, le platane, le hêtre et l'orme. Avant le ix⁰ siècle, cette espèce de papier était beaucoup employée pour les actes.

Parchemin. — Le parchemin employé de nos jours est une peau rendue très-mince, presque transparente, sur laquelle on peut écrire. Il offre une plus grande solidité que le papier, et, pour cette raison, on l'emploie encore pour consigner des actes d'une grande importance et dont on veut conserver les originaux.

Les opérations que l'on fait subir à la peau, pour l'amener à l'état de parchemin, sont les suivantes :

1° Enlever complétement toutes les parties de chair qui restent toujours après une peau, et cela le plus également possible ;

2° Nettoyer et égoutter la peau du côté du poil, mais sans enlever la moindre partie de peau ;

3° Poncer à la chaux le côté de la chair et celui du poil ;

4° Bien tendre la peau et la laisser parfaitement sécher, à l'abri du soleil et de l'humidité ;

5° Enlever de nouveau les inégalités du côté de la chair ;

6° Faire disparaître, par la pression seulement, les inégalités du côté du poil, de manière à rendre la peau d'égale épaisseur partout ;

7° Poncer de nouveau.

La peau de tous les animaux pourrait être transformée en parchemin ; cependant on n'emploie guère, pour l'écriture, que les peaux de moutons et celles de chèvres.

Pour les tambours, on se sert de parchemins faits avec des peaux d'ânes, de veaux et même de loups ; ces dernières sont de beaucoup préférables.

Avec les peaux de veaux, de chevaux et d'agneaux mort-nés, on fait un parchemin spécial, nommé *parchemin-vierge*, ou vélin.

Les Romains faisaient des parchemins de trois couleurs : le jaunâtre, qui était la couleur naturelle des peaux après leur préparation ; le bleu d'un côté et jaunâtre de l'autre ; et le pourpre, qui était teint des deux côtés.

Papier (préparation de la pâte à). — Quoique beaucoup de matières végétales soient employées pour la fabrication du papier, je ne vous parlerai que de celui fait avec des chiffons ; du reste, les opérations qu'il faut faire subir à toutes les substances employées, pour les amener à l'état de pâte susceptible de donner du papier, sont à peu près les mêmes.

Ces opérations sont : le délissage, le grillage, le nettoyage à sec, le lessivage, le lavage, le blanchissage, le raffinage, le collage et l'azurage.

Le délissage. — Les chiffons envoyés aux manufactures de papier sont toujours imparfaitement triés ; ils ne sont pas classés selon leurs qualités particulières, et les différentes espèces de papier à fabriquer.

Tout d'abord on sépare les différentes espèces, chanvre, lin, coton, laine, soie, etc. ; puis on les range par degrés d'usure et par couleurs, ou du moins on sépare les blancs des colorés ; ces divisions, quoique arbitraires, donnent des catégories bien distinctes. C'est l'ensemble de toutes ces opérations que l'on nomme le délissage.

Ce travail est fait par des femmes ou des enfants, qui placent une certaine quantité de chiffons sur des établis, devant lesquels ils sont assis, et dont la table est un grillage en fil de fer ou en osier. Cette disposition permet à une partie de la poussière contenue dans les chiffons de tomber à terre.

Les chiffons sont pris un à un, et, au moyen d'une espèce de serpe fixée sur l'établi, les ouvrières les décousent pour séparer ceux qui font partie de classes différentes ; elles défont les ourlets, les coutures ; elles détachent les boutons, les agrafes, et en général tout ce qui est étranger aux chiffons. Enfin, ces derniers sont coupés en morceaux ayant à peu près les mêmes dimensions, et chacun d'eux est jeté dans la caisse destinée à recevoir la catégorie à laquelle il appartient.

Grillage. — Cette opération est, par le fait, le contrôle du délissage. Les grilleurs, rangés des deux côtés d'une longue table en grillage, se passent de main en main chacun des chiffons de la qualité que l'on grille. Quand les chiffons ont ainsi parcouru toute la longueur de la table, ils sont débarrassés de tout morceau de chiffon étranger à l'espèce dont on s'occupe et d'une certaine quantité de poussière, que toutes ces manipulations font détacher et à laquelle la grille des établis et des tables livre passage.

Nettoyage à sec. — Le délissage et le grillage ne suffisent pas pour détacher toute la poussière des chiffons, on les fait encore passer dans une espèce de blutoir, nommé *loup* ou *diable.* C'est un cylindre fixe, horizontal ou un peu incliné, garni à la partie intérieure d'une toile métallique. Dans l'intérieur de ce cylindre est un autre cylindre, mobile autour de son axe et armé extérieurement de broches, disposées suivant les spires d'une hélice,

Les chiffons arrivent par la partie la plus élevée des cylindres, sont entraînés par le mouvement du cylindre mobile, font un grand nombre de tours avant d'arriver à l'autre extrémité, par laquelle ils s'échappent. Dans le frottement contre les parois du cylindre fixe et entre eux, les chiffons abandonnent toute la poussière qui peut se détacher, et qui passe par la grille du cylindre fixe.

Lessivage. — Le lessivage a pour but de décomposer et de faire dissoudre la crasse attachée aux chiffons, de favoriser la séparation des fibres ligneuses qui entrent seules dans le papier, et de préparer les matières colorantes à être plus facilement attaquées par certains agents chimiques.

Il existe un grand nombre [d'appareils de lessivage différents; chaque fabricant adopte celui qui lui paraît le meilleur; dans tous, du reste, la vapeur joue un grand rôle.

Lavage des chiffons lessivés. — Après le lessivage, les chiffons sont lavés à grande eau.

Les moyens mécaniques employés jusqu'à ce jour, pour exécuter les opérations précédentes, laissent beaucoup à désirer; ainsi, pour le lavage, le travail est mieux fait à la main, dans des appareils convenablement disposés.

Défilage des chiffons. — C'est ici que commence véritablement l'opération de la fabrication du papier, car la matière première doit changer de forme. Il faut détruire les tissus, séparer les fibres les unes des autres, les nettoyer complétement, les mêler entre elles et en former une espèce de pâte aussi homogène que possible.

Le défilage s'exécutait autrefois au moyen de maillets en bois, ou mieux de pilons garnis de lames de fer, sous lesquels on plaçait les chiffons, humectés d'une manière convenable. Dans la même auge battaient cinq maillets, qui étaient levés et retombaient alternativement. On appelait cet appareil une *pile de maillets.* Aujourd'hui, on emploie des machines plus complètes, appelées *piles de cylindre*, et dont la figure 6 vous donne une idée.

C'est une grande cuve ovale AA, dans laquelle se meut un cylindre B, armé de lames qui viennent passer devant d'autres lames fixées dans une pièce C, appelée *platine.* La cuve A, dans une partie de sa longueur, est partagée en deux par une cloison verticale KK; celle occupée par le cylindre a deux plans inclinés G et H; dans l'autre partie est un cylindre L, qui élève les eaux sales et les verse en dehors de la pile. M est une espèce de tiroir recouvert d'une tôle percée de trous et de fentes dans toutes les directions, pour donner passage aux corps lourds entraînés avec les chiffons. Au-dessus de la partie

occupée par le cylindre à lames est une espèce de
chapeau D, qui porte des rainures pour recevoir les
châssis E et F, couverts de toiles métalliques. Le

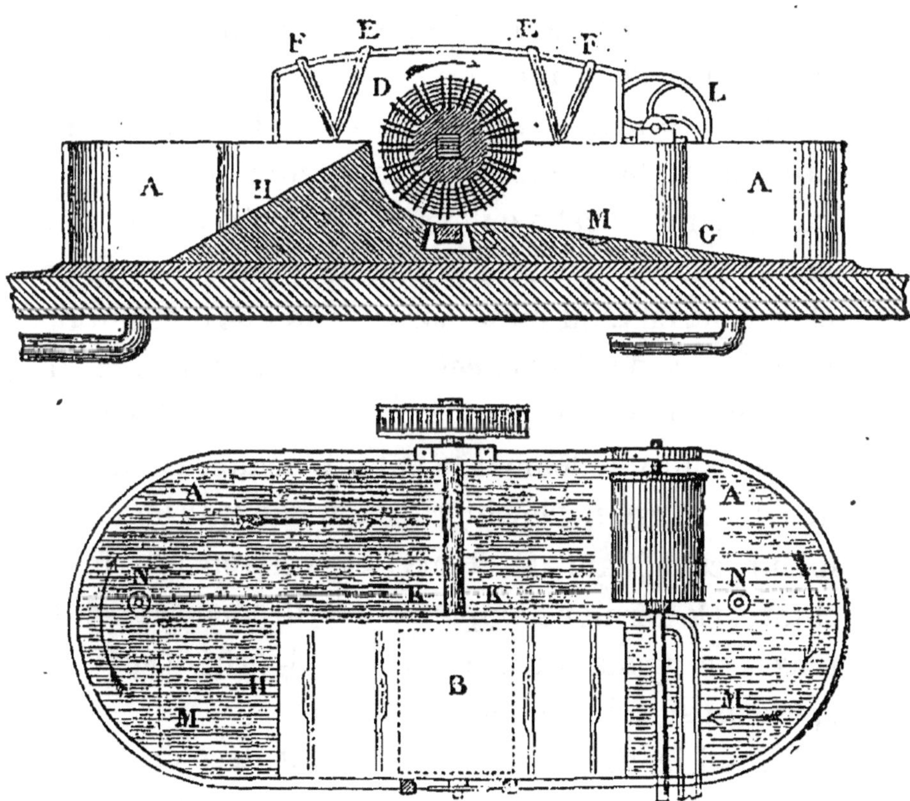

Fig. 6.

cylindre à lames fait 250 à 280 tours à la minute;
son mouvement attire les chiffons mouillés sur le
plan incliné G, et les prend entre ses lames après
qu'ils ont été déchirés sur la platine C. La force
centrifuge lance les chiffons contre les toiles mé-

talliques du chapeau D, où ils se séparent des eaux
sales; le tout retombe sur les plans inclinés, entre
de nouveau dans la circulation de la pile et repasse
sur les lames de la platine. Quand la pâte est arrivée au point voulu, les bondes N permettent de la
faire sortir de la pile.

Blanchissage. — Après toutes les opérations qui
précèdent, la pâte conserve encore une couleur
qui dépend de celle qu'avaient les chiffons; il faut
la blanchir. Pour cela, on la met en présence de
chlore gazeux, ou on la passe dans une dissolution
de chlorure de chaux; cette espèce de lavage se fait
dans une cuve ouverte, munie d'un agitateur qui
remue continuellement la pâte. L'acide carbonique
de l'air réagit sur le chlorure de chaux, forme avec
lui un carbonate de chaux, et met en liberté le
chlore. Ce dernier s'empare de l'hydrogène des chiffons, se transforme en acide chlorhydrique et
opère ainsi le blanchiment.

Quand la pâte est complétement décolorée, on
la soumet à un nouveau lavage, pour enlever le
chlore qu'elle contient toujours après le blanchiment.

Raffinage. — La trituration des chiffons est suspendue pendant le blanchiment et le mélange des
différentes pâtes, qui doivent donner le papier que
l'on veut fabriquer; elle est reprise et terminée par

le raffinage, qui se fait dans une *pile raffineuse,* semblable à celle qui a servi pour le défilage.

Si le papier ne doit pas être collé et s'il doit conserver la teinte blanche-jaune que possède la pâte, toutes les manipulation préparatoires sont achevées, et l'on procède immédiatement à la confection du papier.

Collage et azurage. — Si le papier doit être collé, on mêle à la pâte, dans la pile raffineuse, de la colle végétale; c'est de la *colophane,* espèce de résine, dissoute dans de l'eau mêlée d'une petite quantité de chaux. Au moment de verser ce liquide dans la pile raffineuse, on y ajoute un peu de sulfate d'alumine et de fécule.

Si le papier doit être azuré, c'est-à-dire avoir une légère teinte bleue, cette couleur est encore mise dans la pile raffineuse et mêlée à la pâte, qui, dès lors, est envoyée dans les réservoirs où la machine à faire le papier s'alimente.

Fabrication du papier à la main ou papier de cuve. — Quoique cette fabrication soit beaucoup plus dispendieuse que celle au moyen de machines, elle est encore employée pour certains papiers.

La pâte, au degré de fluidité nécessaire pour l'espèce de papier que l'on veut fabriquer, est dans une cuve. L'ouvrier, appelé *l'ouvreur,* prend une *forme*. C'est un châssis de bois, recouvert d'une toile en fils de laiton, soutenus par des traverses en bois ou par d'autres fils plus gros, qui croisent les premiers; ces derniers produisent dans le papier des raies nommées *vergeures;* souvent le nom du fabricant et d'autres signes sont introduits dans le tissu de la toile métallique, et se reproduisent sur le papier.

Un cadre mobile, nommé *frisquette,* se place au-dessus de la forme; il sert à déterminer les dimensions de la feuille, tout en concourant, avec la fluidité de la pâte, à en fixer l'épaisseur.

Tout ainsi disposé, l'ouvreur plonge la forme dans la cuve qui contient la pâte, la maintient horizontalement et la retire de même. Pour égaliser la pâte, pour lier entre eux les filaments, l'ouvreur imprime à la forme différents mouvements dont la qualité du papier dépend, et pour lesquels il faut avoir une grande habileté de main. Un bon ouvrier arrive à fabriquer quatre à cinq mille feuilles par jour.

L'ouvreur dépose la forme et la feuille qu'elle contient devant lui, où elle commence à s'égoutter; elle passe ensuite dans les mains d'un second ouvrier, nommé *coucheur,* qui la renverse sur un morceau de drap ou de feutre. La feuille s'attache au drap et abandonne la forme, qui est placée de manière que l'ouvreur puisse la reprendre.

Par-dessus cette première feuille, on met un feutre, puis une autre feuille de papier, et ainsi de suite, en plaçant toujours chaque feuille de papier entre deux feutres.

Quand on a ainsi rangé un nombre suffisant de feuilles, la pile est portée sous une presse, pour en faire sortir l'eau.

Après cette opération, les feutres placés entre les feuilles sont retirés et les feuilles de papier mises directement l'une sur l'autre. On les fait passer plusieurs fois sous la presse; et, enfin, on les porte au *séchoir* ou *étendoir*, où elles sont placées une à une sur des cordes.

Le papier passe du séchoir à la salle d'apprêt, où les feuilles sont visitées et classées. Celles sans colle, mais destinées à être collées, subissent un premier triage et sont épluchées, c'est-à-dire qu'on enlève au grattoir les *boutons* formés par des amas de pâte; elles sont ensuite collées en les trempant dans une dissolution de gélatine, à laquelle on ajoute un peu d'alun. On les met sous presse par pile, pour extraire l'excès de colle, et elles retournent au séchoir; elles sont de nouveau épluchées et classées selon leur degré de perfection; les premier, deuxième et troisième choix sont mis sous presse par tas de cinq à six mille feuilles, puis *changés*, c'est-à-dire que les feuilles sont renversées, une à une, l'une sur l'autre, et le tas est remis sous presse.

Par toutes ces manipulations et ces pressions, on arrive à faire disparaître les rugosités du papier, mais on ne peut effacer le grain produit par le feutre que par le *lissage*. Cette opération consiste à faire passer les feuilles, comprises entre deux cartons ou deux plaques de métal, entre les cylindres d'un laminoir. Le papier est dit *lisse* quand il est un peu plus uni que celui sortant de la forme; alors il n'a subi qu'une faible pression entre les cylindres. Avec une pression plus forte, on le *satine;* alors il est doux au toucher et un peu brillant. Enfin, au moyen d'une pression très-forte, il devient *glacé*, c'est-à-dire glissant au toucher, brillant et transparent.

Il ne reste plus alors qu'à soumettre les feuilles à un dernier triage pour les classer par teintes. On les met ensuite en *mains* ou paquets de 25 feuilles, et en *rames* ou paquets de 20 mains, qui sont soumises à une dernière pression avant d'être livrées au commerce.

Fabrication du papier à la mécanique. — Je me suis un peu étendu sur la fabrication du papier de cuve, pour bien vous faire voir les différentes opérations à exécuter pour produire une feuille de papier. Ces manipulations à la main coûtent fort cher et mettent le papier à un prix trop élevé; il faut le produire au meilleur marché possible, car de ce prix dépend en quelque sorte l'avenir de l'humanité. La science ne peut se répandre que si les livres sont à la portée de tous; les communications restent difficiles, si le prix du papier empêche d'écrire aussi souvent qu'il est nécessaire, etc. Toutes ces raisons pesées, scrutées par des intelligences d'élite, excitèrent et excitent encore les chercheurs.

En 1789, un ouvrier de la papeterie d'Essonne, près de Corbeil, nommé *Louis Robert*, fut le premier qui eut l'idée de construire une machine pour faire du papier; le brevet qu'il obtint lui fut acheté par le directeur de sa papeterie, *Didot-Saint-Léger*. La France n'était pas alors en mesure d'exécuter cette machine d'une manière convenable, il fallut avoir recours à l'Angleterre.

Après vingt-cinq ans de persévérance, pendant lesquels des sommes considérables furent dépensées par différents papetiers anglais, Didot revint en France faire exécuter une machine à fabriquer du papier continu. Cette première machine, construite par *Calla*, habile mécanicien, fut établie dans la papeterie de *M. Sorel*.

Aujourd'hui cette machine, après bien des améliorations obtenues en Angleterre et en France, est arrivée à un très-grand degré de perfectionnement; les moyens mécaniques semblent avoir donné tout ce que l'on peut attendre d'eux. Les recherches, maintenant, se dirigent vers les matières premières; il faut en trouver d'autres pour remplacer les chiffons, qui ne peuvent plus suffire aux demandes des papeteries, et dont le prix, par suite, augmente sans cesse. Bien des tentatives ont déjà été faites, et le sont encore, sans que le problème ait reçu une solution satisfaisante. On trouve bien dans la nature une foule de matières qui donnent des filaments pouvant produire du papier, mais la grande difficulté est de séparer, à bon marché, ces filaments les uns des autres.

On a fait du papier avec la paille, le foin, l'ortie, le chiendent, le houblon, la mauve, la réglisse, la guimauve, les pailles de pois, de haricots, de sarrasin, de maïs, les joncs, les roseaux, l'écorce des arbres, etc.

Il ne faut pas désespérer, on arrivera certainement au but tant cherché, mais il faudra beaucoup de temps et de travail; d'autant plus que les chercheurs, en général, se lancent à la découverte sans connaître préalablement les pas faits par leurs devanciers, et s'exposent ainsi à refaire un chemin déjà parcouru, à recommencer des expériences déjà faites.

La figure 7 vous donne une idée de la machine à faire le papier continu. La pâte arrive dans la première partie a de la cuve A; elle est remuée par l'agitateur a'. De là elle coule dans une espèce de trémie a^2 qui, tout en laissant passer la pâte, retient les corps étrangers; elle passe de la trémie a^2 dans la seconde partie de la cuve A, où l'agitateur a^3 la maintient en mouvement.

La pâte coule alors sur une toile métallique sans fin B, qui abandonne la feuille de papier sur le cylindre C et revient sur elle-même. Cette toile est supportée et tendue par des rouleaux en cuivre b. Le papier, encore soutenu par la toile métallique, est comprimé

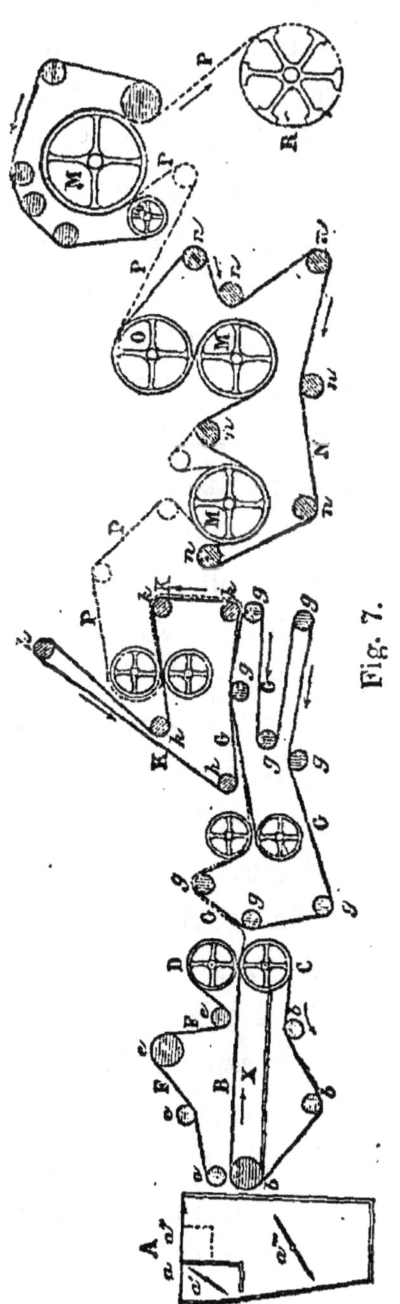

entre les deux cylindres C et D, garnis de feutre. Pour remplir les fonctions de la frisquette, deux courroies sans fin E en cuir, maintenues par deux châssis en fer et tendues par les poulies *e*, maintiennent la pâte sur la toile métallique et déterminent la largeur à donner au papier.

Le châssis, qui porte la toile métallique B, est animé d'un mouvement de trépidation qui étend la pâte, et précipite une partie de l'eau dans une caisse X située au-dessous. Cette eau, qui contient encore des parties de chiffon, est ramenée par des godets dans la cuve A. Avant d'arriver aux cylindres C et D, la toile métallique, avec la feuille qu'elle porte, passe au-dessus d'une petite caisse dans laquelle des pompes font le vide ; par ce moyen, une grande partie de l'eau contenue dans le papier est retirée, et il peut, après avoir été pressé entre les deux cylindres C et D, quitter la toile métallique.

En sortant des cylindres C et D, la feuille de papier passe sur le feutre sans fin G, tendu par les cylindres en bois *g*, et vient passer entre les deux cylindres en fonte H H. De là elle suit le feutre K, pour passer entre deux autres cylindres presseurs LL Dès lors, la feuille de papier a acquis assez de force pour abandonner les feutres et marcher seule ; les traits pointillés P montrent le trajet qu'elle suit.

Elle passe successivement sur les trois cylindres en fonte M, qui sont remplis de vapeur et sur lesquels elle se sèche complétement. Des feutres N appuient les feuilles sur les cylindres sécheurs; enfin, deux cylindres O remplissent les fonctions de laminoirs et lissent le papier en le pressant contre deux des cylindres M.

Le papier est terminé, il s'enroule sur des espèces de dévidoirs R; quand l'un est plein, un autre vide le remplace. Il n'y a plus qu'à couper le papier des dévidoirs suivant les grandeurs convenues, et à mettre les feuilles en mains et en rames.

Quand la colle n'a pas été mêlée à la pâte, on colle le papier sur la machine même; la feuille, encore humide, passe dans de la colle animale accumulée au-dessus de deux cylindres presseurs qui tournent en sens contraires. Le papier ainsi collé n'est pas complétement sec en sortant de la machine, il faut l'étendre dans des séchoirs particuliers.

Trois ouvriers papetiers, avec des formes, font à peine 100 kil. de papier dans leur journée; une machine, comme celle dont je viens de vous parler, produit au moins 1000 kil. dans le même temps, et avec le même nombre d'hommes pour la surveiller. Cette comparaison seule vous montre l'immense résultat obtenu par les moyens mécaniques. Au commencement, il y eut une certaine prévention contre le papier mécanique, mais c'est aujourd'hui une question jugée; le papier fait à la machine est tout aussi solide, tout aussi durable, et au moins aussi beau que celui fait à la main.

Différentes espèces de papier. — *Papier collé, papier non collé.* On fait des papiers collés pour recevoir l'écriture, et des papiers non-collés pour recevoir l'impression; parce que les encres qui servent pour écrire pénètrent dans le papier non-collé et s'étendent à sa surface. Il n'en est pas de même pour les encres grasses employées par l'imprimerie, elles restent à la surface du papier non collé sans s'étendre.

Papiers vélins. — On appelle papiers vélins, ceux faits à la main avec des formes disposées de telle sorte, qu'elles ne laissent aucune marque dans le papier.

Parmi ceux qui s'illustrèrent le plus dans l'industrie du papier en France, je vous citerai les frères Montgolfier, dont je vous ai déjà parlé au sujet des ballons. Ils firent, dans leur fabrique d'Annonay, des vélins au moins aussi beaux que ceux fabriqués par les Anglais, qui semblent en être les inventeurs.

Papiers-linge. — Les papiers-linge furent in-

ventés par les frères Montgolfier ; on les appelle
ainsi parce qu'ils ressemblent tout à fait à de la
toile ou du coton ; on en fait surtout des man-
chettes et des faux-cols. Lorsqu'ils apparurent,
on pensa qu'ils remplaceraient, avec une grande
économie, le linge ordinaire, surtout celui de
table ; mais leur emploi est resté très-limité.

Papiers gélatine ou à calquer. — Ces papiers ont
une très-grande transparence ; on les emploie surtout pour calquer les dessins.

Papiers maroquinés. — Ils imitent les différentes peaux ; on les emploie beaucoup pour la
reliure.

Papiers à filtrer. — Ils sont faits pour séparer
les liquides, qu'ils laissent passer, des matières
étrangères, qu'ils retiennent.

Papiers réactifs. — Ils servent en chimie pour
reconnaître la nature de certains corps.

Papiers de scie ou papiers Joseph. — Ils sont
dus encore aux frères Montgolfier ; on les emploie
pour emballer les objets précieux ou délicats, et
pour protéger les dessins et les gravures.

Papiers de sûreté. — Ils sont employés pour
le papier monnaie. Dans leur fabrication, on cherche à rendre leur imitation et le lavage de l'é-
criture qu'ils reçoivent impossibles. Jusqu'à présent, malgré les laborieuses recherches des

hommes de science, les papiers dits de sûreté n'ont pas encore donné de résultats bien satisfaisants.

Papiers peints. — Enfin, il y a les papiers peints, qui, à eux seuls, constituent une industrie considérable, dont je vous parlerai peut-être un jour.

IMPRIMERIE OU TYPOGRAPHIE

Historique. — Jusqu'au xvᵉ siècle, les livres étaient écrits à la main et formaient ce qu'on nomme des *manuscrits*. Comme il fallait beaucoup de temps pour les reproduire, ils coûtaient excessivement cher, et on ne les trouvait que dans les bibliothèques des couvents, des universités et des châteaux; et, encore, étaient-ils en très-petit nombre. La science ne pouvait être alors que le domaine de quelques-uns. Pour vous donner une idée de ce que pouvait coûter un manuscrit, il suffira de vous montrer dans combien de mains il devait passer pour être exécuté.

Le libraire confiait à un copiste le manuscrit à reproduire; le copiste demandait au parcheminier les peaux sur lesquelles devait être faite cette copie, et s'entendait avec l'artiste auquel étaient confiées les peintures et les dorures qui, presque toujours, accompagnaient l'écriture. Les pages terminées étaient confiées au relieur, qui en formait un volume, sur la couverture duquel il développait toute son habileté.

Le besoin d'apprendre, le désir de s'instruire, qui s'emparèrent de l'homme vers le xvᵉ siècle, le conduisirent à l'imprimerie, une de ces découvertes qui marquent en quelque sorte les différentes phases de l'humanité, comme le dit M. Ambroise-Firmin Didot : « La découverte de l'imprimerie sépare le « monde ancien du monde nouveau ; elle ouvre un « nouvel horizon au génie de l'homme, et, par « son rapport intime avec les idées, semble être un « nouveau sens dont nous sommes doués. Une « immense différence la distingue des autres « grandes découvertes de l'époque, la poudre à « canon, le Nouveau-Monde ; celle même qui nous « est contemporaine, la vapeur, ne saurait lui « être comparée. En effet, ces grandes et utiles « découvertes n'ont agi que sur la partie maté- « rielle de l'humanité. »

L'imprimerie, en répandant les lumières qui se produisent en un lieu quelconque, en annonçant partout les découvertes nouvelles, en appelant à l'œuvre commune tous les hommes de bonne volonté, élève sans cesse le niveau de l'intelligence humaine. On ne connaît pas le nom de l'inventeur de cette admirable découverte ! Il a fallu tant de siècles et tant de générations d'ouvriers, qu'il n'est pas étonnant que les dates et les noms se soient effacés de la mémoire des hommes.

Les Chinois connurent, dit-on, l'*impression tabellaire* trois cents ans avant Jésus-Christ. Les Grecs, et surtout les Romains, écrivaient, en sens inverse, des mots et des nombres, et gravaient en relief les lettres et les chiffres qui les composaient. Ces espèces de cachets, appliqués à chaud ou à froid, sur le pain, les monnaies, les briques, et même sur le front des esclaves fugitifs, reproduisaient les mots et les nombres dans leur sens véritable.

Quoi qu'il en soit, l'art de multiplier les copies d'un même livre et, par suite, de répandre dans le monde entier les produits de l'intelligence, n'a été connu en Europe et n'a été mis en pratique que vers le milieu du xv⁰ siècle. Les chercheurs débutèrent, au commencement de ce siècle, par graver, sur des planches de bois, des cartes de géographie, des images avec des légendes explicatives ; on recouvrait ces reliefs avec une encre grasse et on transportait sur du parchemin les signes ainsi tracés sur le bois. C'est là l'*impression tabellaire*, qui était connue trois siècles avant notre ère par les Chinois. Mais, ces impressions imparfaites étaient encore bien loin de l'impression avec des caractères isolés.

Je ne vous parlerai pas des prétentions des différentes villes qui réclament l'honneur de l'invention de l'imprimerie ; nous admettrons, comme presque tout le monde, que l'inventeur est *Guten-berg*, citoyen de Mayence ; il est certain que ses nombreux travaux, sa persévérance et les grandes épreuves qu'il eut à subir lui donnent le droit de passer le premier parmi les inventeurs de l'impri-merie, en supposant qu'il y en ait plusieurs.

J'ai déjà eu plusieurs fois l'occasion. d'appeler votre attention sur les inventeurs, ces êtres en quelque sorte choisis, qui consacrent leur vie à la réalisation d'une idée qu'ils ont entrevue comme dans un rêve, la suivant, la travaillant pendant des années. Rien ne les arrête dans cette espèce de mission, qu'ils semblent avoir reçue d'une puissance supérieure ; les sacrifices, les privations, l'ingratitude, l'injustice, l'abandon des leurs même, rien ne peut les empêcher de poursuivre leur but. Une force, au-dessus de toutes les autres, les pousse en avant. Ils ne participent en quelque sorte à aucune des nécessités de notre existence ; ils suivent un chemin solitaire, éprouvant de ces joies inconnues aux autres hommes. La gloire, la fortune ne sont rien pour eux, l'invention est tout. Le plus souvent le fruit de leur patience, le travail de toute leur vie les laisse pauvres et ignorés, alors que d'autres récoltent tous les bénéfices de leur invention. Qu'importe ! Ils semblent être d'un monde supérieur au nôtre; isolés sur cette terre, ils la quittent avec la conscience d'avoir rendu service à l'humanité.

Gutenberg (Jean), né à Mayence en 1409 et mort en 1468, a tous les caractères des inventeurs; sa persévérance indomptable, les épreuves terribles qu'il eut à supporter sans atteindre sa constance, le rangent parmi les êtres destinés à servir de pionniers à l'humanité. Gutenberg, ou mieux Hans Gensfleich — car c'était son véritable nom — était d'une famille allemande; il perdit son père à quinze ans et resta seul avec une très-modique fortune. C'est alors qu'il se rendit à Strasbourg, où la première idée lui vint de reproduire les manuscrits avec un moule unique, pouvant en donner autant d'exemplaires que l'on voudrait. Pendant dix années, il travailla seul, avançant lentement dans cette voie nouvelle. D'abord il fit des caractères séparés les uns des autres en bois; il réunit ces caractères pour en former des mots; il rangea ces derniers pour en former des lignes, avec lesquelles il composa des pages. Tous ces caractères, ainsi assemblés et attachés les uns aux autres, composèrent une espèce de planche gravée en relief, sur laquelle Gutenberg passa une encre grasse, qui lui permit de reproduire, sur le parchemin ou le papier, la page composée. Un grand pas était fait, l'imprimerie était découverte ; mais que de travaux encore pour la rendre pratique !

Les caractères en bois s'usèrent vite ; ils s'écrasaient et la lettre ne venait plus avec la netteté désirable. Gutenberg grava des lettres mobiles en métal ; mais ce métal était trop dur, il coupait le papier. L'inventeur se mit de nouveau au travail pour trouver un alliage qui présentât assez de solidité pour ne pas s'écraser, et assez de souplesse pour ne pas déchirer le papier.

Tous ces essais épuisèrent ses ressources pécuniaires, il dut chercher des associés apportant l'argent nécessaire pour continuer les recherches ; l'honneur de la découverte, les profits à en retirer, seront partagés. Qu'importe ! le principal, ce qui domine tout, c'est l'invention ; l'inventeur n'est rien.

Gutenberg trouva trois bourgeois de la ville de Strasbourg, qui comprirent toute l'importance de son œuvre, qui entrevirent toutes ses conséquences. Avec un dévouement, une abnégation au-dessus de tout, ces trois citoyens, dont les noms, *Heilman*, *André Dryzchen* et *Riff*, doivent être conservés dans la mémoire des hommes, consacrèrent leur intelli-

gence et toute leur fortune à la réalisation des idées
de Gutenberg. Mais, hélas! les tentatives faites
laissaient toujours à désirer, les matières employées pour faire les caractères étaient toujours
ou trop dures ou trop molles; et le temps mar-
chait et l'argent s'épuisait. La mort vint en outre
enlever à Gutenberg ses collaborateurs; il resta de
nouveau seul. Poursuivi par ses créanciers, il
quitta Strasbourg pour retourner à Mayence, sa
patrie, où il se remit courageusement à travailler.

Sans ressources, il forma une nouvelle société
avec *Jean Faust*, riche orfévre, et *Pierre Schœffer*,
très-habile copiste de cette époque. Ce fut le dernier qui trouva un mélange de plomb et d'antimoine donnant à la fonte des caractères aux vives
arêtes, moins durs que le fer et beaucoup plus ré-
sistants que le plomb. Dès ce moment l'imprimerie
devenait pratique; quelque temps encore, et cette
admirable invention allait répandre tous ses bien-
faits sur le monde entier.

Je ne vous ai fait, chers lecteurs, qu'un récit
bien pâle et bien abrégé de l'existence toute de
luttes et de souffrances de Gutenberg; plus tard,
quand vous lirez la vie désolée de ce grand homme,
vous comprendrez que, pour être inventeur, il faut
des qualités particulières qui ne sont données qu'à
un très-petit nombre d'hommes.

Nous abandonnerons ici le pauvre Gutenberg, que ses associés expulsèrent; Faust et Schœffer, qui était devenu le gendre du premier, exploitèrent seuls l'invention et en récoltèrent seuls les avantages. Ils réalisèrent de grands bénéfices en vendant les reproductions des manuscrits qu'ils imprimaient, comme des copies à la main. Quant à Gutenberg, il dut traîner une existence bien misérable, car on sait qu'en 1450 il manquait complétement de moyens d'existence, et qu'il fut recueilli par l'archiduc de Mayence. Jusqu'à sa mort, le 14 février 1468, il travailla à perfectionner son œuvre.

Depuis l'apparition de l'imprimerie au moyen de caractères mobiles jusqu'en 1521, ce nouvel art reçut tous les encouragements possibles des différents souverains de l'Europe; mais, à partir de ce moment, on commença à craindre ses effets et l'on exerça sur les livres une surveillance rigoureuse. En France, par exemple, on fit des lois restrictives : nul ne put exercer la profession d'imprimeur sans avoir reçu préalablement un privilége du roi, et aucun libraire ne put faire paraître un livre sans qu'il eût été examiné et approuvé par les délégués du roi.

IMPRIMERIE.

L'art de reproduire les idées par l'écriture imprimée se pratique aujourd'hui de trois manières
différentes :

1° La typographie, qui, au moyen de caractères
en relief, fondus séparément ou ensemble, sert plus
particulièrement à reproduire le texte des ouvrages;

2° La gravure, avec laquelle, au moyen de traits
en creux ou en relief tracés sur la pierre, le métal
ou le bois, on reproduit les figures et les dessins ;

3° La lithographie, qui consiste à transporter
sur papier des traits ou des dessins quelconques,
tracés sur pierre ou sur un papier particulier.

Nous nous occuperons d'abord de l'imprimerie
proprement dite ou de la typographie.

Typographie. — Je ne vais pas vous décrire d'une
manière complète l'art de la typographie, je ne
veux que vous donner une idée générale de l'impression d'un livre quelconque; ces connaissances
vous suffiront pour vous rendre compte du travail
que demande la publication d'un ouvrage et des
résultats obtenus par l'emploi des machines dont
on se sert maintenant.

Caractères. — Le caractère ou la lettre est un parallélipipède d'environ **28** millimètres de hauteur (fig. 8) sur une épaisseur et une longueur qui varient selon la nature de la lettre ou le *corps*. A l'un de ses bouts A, cette pièce, fondue avec un mélange de plomb et d'antimoine, porte en relief la lettre ; c'est ce qu'on nomme l'*œil*. L'autre bout B est un peu échancré pour donner de l'aplomb ; le dessous de la lettre est indiqué par une petite entaille C, qui permet de toujours reconnaître le sens de la lettre.

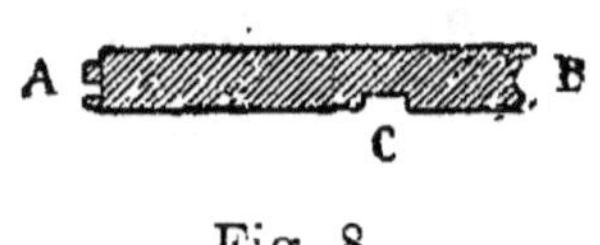

Fig. 8.

L'impression dépend évidemment de la bonne qualité des caractères ; aussi ces derniers sont examinés avec le plus grand soin avant d'être employés, et sont mis de côté dès qu'ils commencent à s'user.

Dans les imprimeries se trouvent des espèces de grands pupitres, dont le dessus est recouvert d'une grande boîte nommée *casse*, divisée en compartiments de différentes grandeurs appelés *cassetins*, dans lesquels l'ouvrier chargé de réunir les lettres, ou le *compositeur*, prend les caractères dont il a besoin. Ces derniers sont rangés dans un certain ordre, toujours le même, que la pratique a indiqué comme demandant le moins de temps pour trouver les lettres.

Le compositeur est placé devant les casses dont il vient d'être parlé; il a sous les yeux la partie du manuscrit qu'il doit reproduire, et tient à la main un instrument nommé *com-poster* (fig. 9), destiné à re-cevoir les lettres; chaque mot est séparé de celui qui le suit par une *espace*. C'est une petite lame de métal semblable à une lettre dont on aurait coupé l'œil. Par suite, les espaces se trouvent plus basses que les lettres et ne produisent aucune trace à l'impression. Les lignes courtes sont com-plétées par de petits blocs de métal nommés **cadrats**, également plus bas que les lettres. Une espèce de curseur mobile limite, sur le composteur, la longueur à donner à la ligne. Quand une ligne est achevée, le compositeur la sépare de celle qu'il va former en dessus par une petite lame de métal, nommée *interligne*, qui, comme les espaces, n'est pas si élevée que les lettres.

Fig. 9.

Les lignes sont ainsi composées les unes au-dessus des autres, jusqu'à ce que le composteur soit plein.

Quand le composteur est rempli, les lignes composées sont placées sur une planchette nommée *galée* (fig. 10), portant un petit rebord.

Un bon compositeur peut décomposer et relever

4.

10,000 lettres dans sa journée; jugez quelle célérité il doit mettre dans son travail!

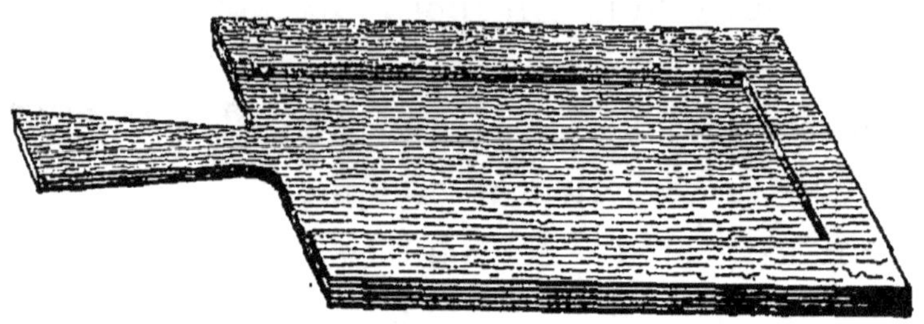

Fig. 10.

Les lignes, réunies en *paquets* d'un nombre de lignes déterminé par le compositeur, passent ensuite dans les mains du *metteur en pages*, qui en forme des pages, met la pagination ou folios, les titres, les blancs, les notes; lorsque le nombre de pages représentant une feuille est achevé, le metteur en pages les dispose sur le *marbre* de telle sorte que la feuille étant imprimée et pliée, ces pages se suivent dans leur ordre numérique naturel. Il place ensuite, entre chacune des pages, des pièces de plomb nommées *garnitures*, déterminant les blancs à laisser autour des pages. Cette opération terminée, il enlève les ficelles qui serrent chaque page pour la rendre maniable, et rapproche le tout avec le plus grand soin. Le metteur en pages enferme alors les pages et leurs garnitures dans un cadre en fer ou *châssis*, divisé par une barre soudée au milieu, puis serre le tout au moyen de *biseaux* en fer ou en bois et de *coins*, de manière que l'ensemble soit bien solide. Cet ensemble prend alors le nom de *forme*, et les opérations qui précèdent celui d'*imposition*.

D'après le format à donner à la publication, la feuille de papier contient plus ou moins de pages. Les formats sont désignés par les appellations suivantes : *in-folio*, la feuille contient quatre pages, deux de chaque côté ; *in-quarto*, huit pages dans la feuille, quatre de chaque côté; *in-octavo*, seize pages, huit de chaque côté; *in-douze*, vingt-quatre pages, douze de chaque côté; *in-dix-huit*, trente-six pages, dix-huit de chaque côté, etc.

Les pages d'un livre sont numérotées en haut, les feuilles le sont en bas; ce dernier numérotage, qu'on nomme *signature*, est placé de quatre en quatre pages pour l'in-folio, de huit en huit pages pour l'in-quarto, de seize en seize pages pour l'in-octavo; à partir de l'in-douze, le numérotage a lieu selon le nombre de cahiers que contient la feuille. Ainsi, l'in-douze peut avoir une ou deux signatures par feuille, l'in-dix-huit deux ou trois, etc., selon le nombre de cahiers que contient la feuille. En principe, il doit y avoir une signature par cahier, répétée pour l'encart en ajoutant un *point* après le chiffre.

Chaque *feuille* se compose de deux formes. L'une,

dite *côté de première*, contient les pages du premier
côté de la feuille; l'autre, dite *côté de seconde*, contient les pages du second côté.

Avant de porter les formes sous la presse pour
l'impression, on tire une première épreuve, qui
est remise au *correcteur* avec la portion du manuscrit, ou la *copie*, reproduite. Le correcteur, qui
est toujours un homme instruit et surtout ayant des
connaissances très-variées, vérifie tout le travail
du compositeur et du metteur en pages, et il indique les corrections à faire. Les formes sont remises sur le marbre, puis desserrées, et le metteur
en pages fait corriger chaque page par le compositeur qui l'a composée; il revoit les formes, les resserre, et l'on tire une ou deux épreuves, qui sont
envoyées à l'auteur, pour qu'il indique les corrections à faire. Les formes sont de nouveau maniées,
et ce n'est qu'après ces différentes vérifications, qui,
pour les livres de sciences sont répétées plusieurs
fois, que l'on met les formes sous presse pour tirer
les feuilles.

Aujourd'hui, dans presque toutes les imprimeries des grandes villes, on emploie la presse mécanique; mais, dans les petits ateliers, on se sert encore de la presse à bras, dont je vais vous parler
d'abord, parce qu'elle montre mieux les différentes opérations de l'imprimerie proprement dite.

Presse typographique. — La presse typographique (fig. 11) est composée de deux parties : une

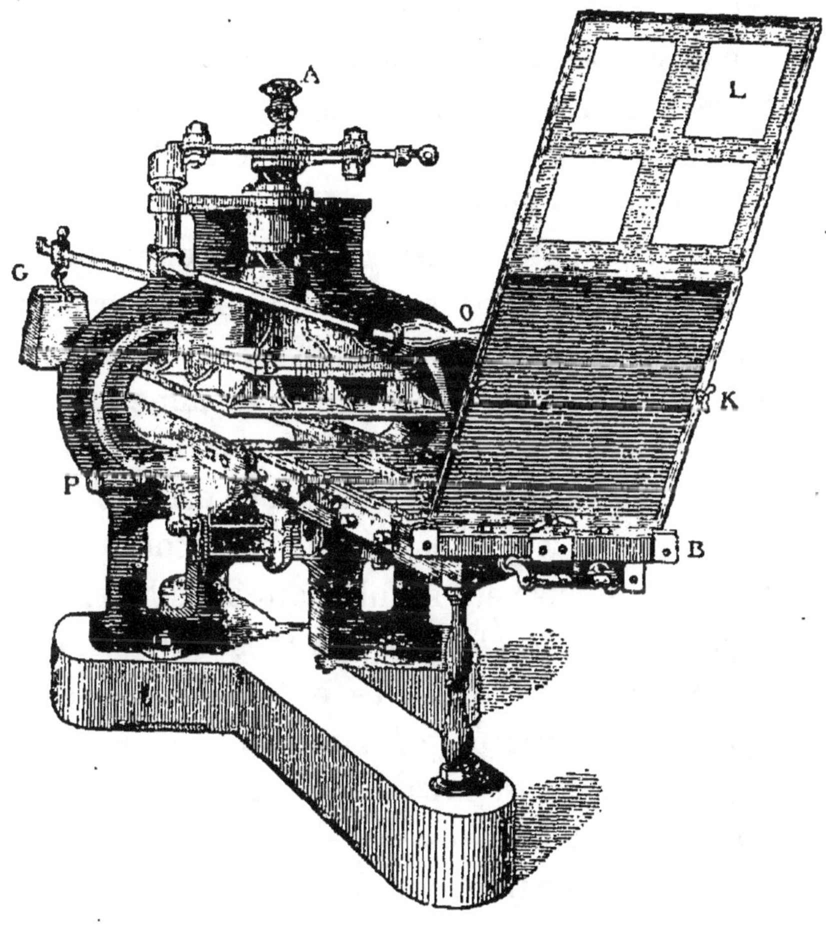

Fig. 11.

fixe et solide, qui porte la presse A, et l'autre mobile B, qui porte la forme et les feuilles à imprimer. La presse est une table fixe ou *marbre*, au-dessus de laquelle peut monter et descendre la partie mobile D, nommée *platine*, qui doit presser ; elle est disposée de telle sorte qu'en tirant le levier O à lui, l'ouvrier imprimeur fait descendre la platine et exerce une pression qui se règle au moyen d'une vis qui resserre ou allonge le *coup* du barreau. En abandonnant le levier, le contre-poids G fait remonter la platine.

La partie mobile B est composée d'une table sur laquelle on place la forme, et que l'ouvrier peut à volonté envoyer sous la platine D, en manœuvrant la manivelle P ; K est ce qu'on nomme le *grand tympan* ; c'est un châssis en fer portant une étoffe (toile ou satin) tendue, sur lequel se place la feuille à imprimer. Ce grand tympan est recouvert d'un autre cadre plus petit s'emboîtant dans le premier et qu'on nomme *petit tympan*. C'est entre ces deux tympans que se fixe, après bon repérage, la *mise en train*, qu'on recouvre d'une étoffe légère nommée *blanchet*. Le petit tympan, qui supporte le frottement de la platine, est aussi recouvert en toile, quelquefois en parchemin. L est la *frisquette*, autre châssis sur lequel on colle plusieurs feuilles de papier superposées, afin de lui donner de la consistance.

Avant de commencer le tirage, on tire légèrement sur cette feuille renforcée, de façon à faire seulement marquer les parties à imprimer, qu'on découpe ensuite. Les parties non détachées et qui correspondent aux blancs de la forme, protégent la feuille de papier qui se trouve dessous.

Imprimerie à bras. — Il faut la plus grande attention de la part de l'ouvrier imprimeur pour placer la forme sur la table mobile de la presse; le tirage ne se fait également partout que quand la platine de la presse s'applique bien exactement sur toute la forme, sans peser plus à un endroit qu'à un autre, et que les défauts de la presse et des caractères ont été corrigés par la mise en train. Viennent ensuite la mise en place sur le tympan de la feuille qui doit servir de guide pour tout le tirage, et le placement des *pointures* mobiles, ou points de repère, qui permettent d'imprimer l'autre côté de la feuille, en faisant correspondre exactement, des deux côtés, les lignes, les pages et les blancs. Enfin, quand, après plusieurs essais, tout est bien disposé, l'ouvrier passe un rouleau chargé d'encre sur la forme; il met une feuille sur le tympan, la recouvre de la frisquette et rabat le tout sur la forme. Avec la manivelle P, il envoie la table mobile sous la platine, qu'il fait appliquer sur la forme au moyen du levier O. Il abandonne le levier pour laisser remonter la platine, il *déroule*, c'est-à-dire qu'il ramène à lui la table mobile, il découvre la forme, développe la frisquette et enlève la feuille imprimée, pour la remplacer par une autre non imprimée, et ainsi de suite.

Imprimerie mécanique. — Vous venez de voir que l'imprimerie se compose de deux parties bien distinctes : la composition et l'impression. Bien des tentatives ont été faites pour faire exécuter mécaniquement la composition, ou du moins pour faire arriver et arranger mécaniquement les caractères ; mais, jusqu'à ce jour, les essais tentés ont été peu satisfaisants. Du reste, il est toujours bien difficile de remplacer l'intelligence de l'homme par des machines.

Quant à l'impression, elle est complétement faite aujourd'hui par la presse mécanique, du moins dans les ateliers d'une certaine importance. Les feuilles blanches sont livrées à cette machine, qui les prend et les rend imprimées des deux côtés, et cela par un mouvement continu et d'une rapidité merveilleuse.

Que de travaux pour en arriver là ! combien d'intelligences ont dû se consacrer à l'œuvre pour amener la presse mécanique au degré de perfection qu'elle a atteint de nos jours ! L'Anglais *William Nicholson*, en 1790, est le premier qui semble avoir abordé le problème ; mais, jusqu'en 1804, on ne fit que tâtonner. C'est alors que *Kœnig*, horloger de Saxe, et *Bauer*, mécanicien allemand, guidés et commandités par *Bansley*, construisirent une véri-

table presse mécanique ; des modifications, indiquées par la pratique, les conduisirent à faire une
presse à imprimer la feuille des deux côtés, et
pouvant donner de 700 à 800 exemplaires à l'heure.
Depuis, on a construit des presses de bien des formes différentes, qui vont jusqu'à donner par heure
dix à douze mille exemplaires d'un journal, comme
le *Times* anglais.

En voyant travailler ces machines, vous pouvez
facilement vous rendre compte de leur manière de
fonctionner. Je ne vous en ferai pas la description,
qui nous entraînerait beaucoup trop loin ; je me
contenterai de vous donner (fig. 12) une idée du
système qui est le plus généralement employé à
présent.

A est une table en fonte appelée *marbre* sur laquelle on place les formes, et qu'un mouvement
rectiligne alternatif fait passer du cylindre imprimeur B sous le cylindre imprimeur C, et réciproquement. Les feuilles de papier humides sont em-
pilées sur une table, dite de *marge*, en D. A chaque double révolution du cylindre C, les pinces M
s'ouvrent en face de D et reçoivent une feuille,
qu'elles entraînent, pour l'imprimer, sur une de
ses faces en A. Arrivées au point N où elles se
touchent, les pinces des deux cylindres s'ouvrent :
celles du cylindre C pour lâcher la feuille, et celles

du cylindre D pour s'en emparer et la conduire

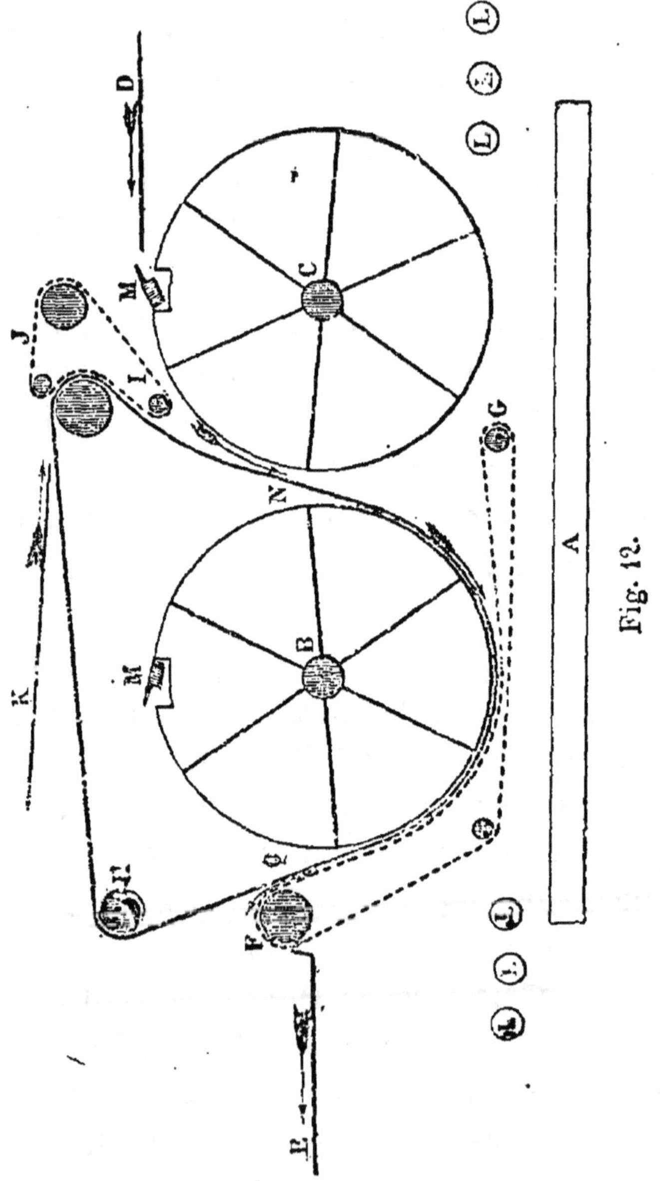

s'imprimer entre B et A sur sa deuxième face.

Les cordons FG soutiennent la feuille au moment
où elle remonte en F, et les pinces M du cylindre B,
arrivées à ce point, s'ouvrent pour abandonner la
feuille, que les cordons H obligent à se diriger sur
la table E, où elle est reçue par un enfant.

Les deux impressions se faisant presque simultanément, la première serait barbouillée par la
pression de la seconde si l'on n'introduisait pas,
entre le cylindre B et la feuille, un papier spécial
qui remplit un rôle à peu près semblable à celui du
buvard que l'on met sous une page fraîchement
écrite, quand on veut continuer au verso. Ces
feuilles de buvard, dites de *décharges*, se trouvent
sur une table K et sont mises entre les cordons J
et H, qui les entraînent jusqu'en H, où elles sont
rejetées avec la feuille imprimée sur la table E. Les
six cercles L sont les rouleaux encreurs.

Clichage. — Vous pouvez facilement vous faire
une idée de la quantité considérable de caractères
qu'il faut pour imprimer un ouvrage d'une certaine étendue. Quand un livre n'a qu'une importance du moment, quand il ne doit se vendre que
pendant un certain temps, on imprime chaque
feuille à un nombre donné d'exemplaires, puis le
compositeur *distribue* les formes, c'est-à-dire qu'il
remet les caractères en casse, et continue la com-

position du livre. Mais il est des ouvrages qui demandent en quelque sorte un tirage continu, qu'on ne fait, du reste, qu'au fur et à mesure de l'épuisement des tirages précédents; si, pour ces livres, il fallait conserver les formes, on immobiliserait ainsi des quantités considérables de caractères. Alors, on fait ce qu'on appelle des *clichés*, c'est-à-dire que l'on prend une empreinte des formes et, dans cette empreinte, on coule du métal à caractères; on a ainsi la reproduction exacte des formes de l'ouvrage, les caractères sont rendus à la composition, et, quand il devient nécessaire de faire un tirage, on met les clichés sous presse.

GRAVURE

La gravure remonte à la plus haute antiquité; tous les peuples ont tracé des dessins, en creux ou en relief, sur une matière dure; mais, pendant bien longtemps, cet art, n'étant que d'un intérêt secondaire, resta sans faire de progrès. Il en fut tout différemment quand, par la découverte de l'imprimerie, au xv⁰ siècle, on put transporter sur le papier la gravure exécutée sur une plaque de métal.

A partir de ce moment seulement, la gravure devint un art véritable, qui permit de reproduire et de répandre partout les chefs-d'œuvre de l'Italie.

Il y a beaucoup de procédés différents pour graver, mais tous dérivent plus ou moins de deux principaux : la *gravure en creux* ou *en taille-douce*, et la *gravure en relief* ou *en taille d'épargne*.

Gravure en creux ou en taille-douce. — On exécute cette gravure de trois manières différentes : 1° au moyen du *burin*, outil en acier avec lequel on creuse les traits sur la plaque qui doit être gravée; 2° avec un mordant, dont la base est le plus souvent de l'acide nitrique, appelé vulgairement *eau-forte*, qui, par son action chimique, décompose le métal et creuse les traits; 3° avec l'eau-forte et le burin, la première servant à ébaucher l'ouvrage, le burin finissant le travail.

1° *Gravure au burin.* — Comme je vous l'ai dit, on a gravé de toute antiquité sur des pierres et sur des métaux, mais on ne pouvait reproduire sur le papier les traits ainsi obtenus. Cette dernière découverte ne date que de 1452; elle fut faite par un Florentin, nommé *Maso Finiguerra;* c'est à lui que l'on doit les estampes, qui étaient alors complétement inconnues. Il employa d'abord l'étain, mais ce métal ne pouvait donner que vingt à trente épreuves. *Marc-Antoine Raimondi,* un des plus célèbres graveurs de cette époque, employa le cuivre pour reproduire les œuvres de *Raphaël* (1); ses planches purent lui donner trois à quatre mille épreuves. Remarquez que ce grand artiste arriva tout de suite à un résultat admirable; ses gravures sont de véritables chefs-d'œuvre.

Depuis, on a substitué l'acier au cuivre; avec ce métal, on peut obtenir jusqu'à vingt mille épreuves.

Aujourd'hui on emploie l'acier, quand le nombre des épreuves à tirer est considérable; le cuivre, quand le sujet ne doit avoir qu'un tirage ordinaire; le zinc, pour les cartes et les plans de grandes dimensions; et l'étain, pour la musique.

Les plaques employées sont parfaitement dressées et polies avant d'être livrées au graveur. Les contours du dessin à reproduire; la direction des principaux traits, appelés *tailles*, qui par leur ensemble forment les clairs et les ombres de la gravure, sont d'abord tracés légèrement avec une espèce d'aiguille en acier. Ces traits sont ensuite creusés avec de petits outils, nommés burins, dont les dimensions et la forme sont en rapport avec les traits qui doivent être tracés.

----

(1) Raphaël Sanzio, né à Urbain, ville d'Italie, en 1483, et mort en 1520, est le plus grand des peintres modernes.

La figure 13 représente un burin ; c'est un petit barreau d'acier dont le bout, qui doit être dans le

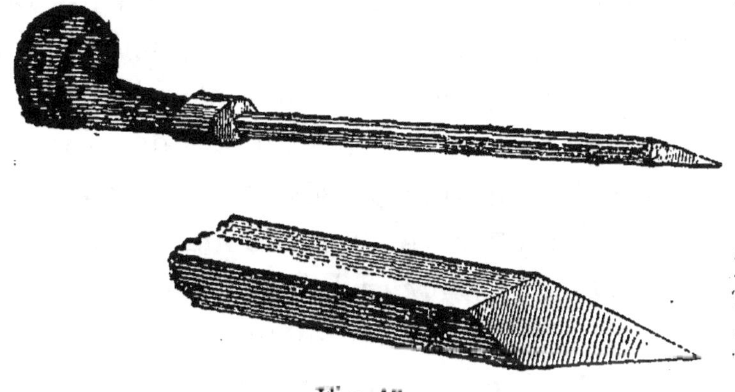

Fig. 13.

manche, est pointu, et dont l'autre extrémité est usée en biais de manière à présenter une pointe aiguë A. La figure 14 montre comment on tient l'outil, et donne la raison de la forme du manche,

Fig. 14.

qui ressemble un peu à la moitié d'un champignon. C'est en poussant cet instrument presque parallèlement à la planche à graver, que l'on coupe le métal en petits rubans ou copeaux. Les traits ou tailles placés à côté les uns des autres, croisés les uns au-dessus des autres, creusés plus ou moins, constituent dans leur ensemble la gravure. Ce travail, qui paraît d'une grande simplicité, demande beaucoup de temps; certaines planches ont exigé dix, vingt et même trente années de travail, et il faut une bien grande persévérance pour conduire à bonne fin une œuvre d'une si longue haleine.

2° *Gravure en creux à l'eau-forte.* — Parmi les nombreux produits chimiques qui attaquent les métaux, l'acide nitrique ou azotique, vulgairement appelé eau-forte, semble avoir été connu par les Egyptiens; cependant, on attribue généralement sa découverte à *Raymond Lulle*, surnommé le docteur illuminé. Il naquit à Palma, dans l'île de Mayorque, en 1235, et mourut assommé à coups de pierre dans la Mauritanie en 1315.

Pour graver à l'eau-forte, on prend, comme pour la gravure au burin, une planche de métal bien dressée et bien polie, et on l'enduit d'une couche très-mince d'un vernis résineux, qui résiste à l'acide nitrique. Il y a des vernis liquides et d'autres solides; les premiers, auxquels on ajoute un peu de noir de fumée pour les colorer, sont étendus le plus uniformément possible sur la planche, au moyen d'un pinceau large. Pour les vernis solides, on place la planche horizontalement au-dessus d'un feu léger, qui lui donne une chaleur suffisante pour fondre le vernis, avec lequel on la frotte. Ce vernis est ensuite étendu d'une manière convenable au moyen d'un tampon de soie rempli d'ouate ou coton cardé. Comme il n'est pas possible de mêler le noir de fumée au vernis solide avant de l'étendre, on colore la planche après, en la retournant et l'élevant au-dessus de la tête pour suivre l'opération, et en promenant au-dessous la flamme fumeuse fournie par un petit paquet de bougies réunies entre elles. Les parties de charbon qui colorent la fumée s'attachent au vernis et lui donnent un beau noir.

Cette première opération terminée et la planche refroidie, l'artiste décalque, par un procédé quelconque, le dessin à reproduire. Ensuite, avec une pointe en acier, il enlève le vernis, pour mettre le métal à nu sous tous les traits du dessin. Ce travail achevé, le graveur entoure sa planche d'un petit rebord en cire, de manière à former une espèce de bassin, dans lequel il verse le mordant avec lequel il doit attaquer le métal non recouvert de vernis. Les traits du dessin se creusent rapidement; quelques minutes suffisent pour obtenir un résultat que plusieurs mois de travail au burin ne donneraient peut-être pas.

Lorsque le graveur a obtenu le degré de profondeur voulu pour les traits les plus fins de la gra-

vure, il retire l'eau-forte, lave la planche pour enlever toute trace d'acide, et la fait sécher. Les
parties qui ont été assez attaquées sont couvertes
de vernis; on remet l'eau-forte pour agir sur les
traits laissés à découvert et qui doivent être plus
mordus. En continuant à agir de la même manière,
c'est-à-dire en couvrant de vernis les parties assez
mordues, et en attaquant de nouveau celles qui
doivent être le plus creusées, on arrive à donner
à chaque trait la profondeur qu'il doit avoir pour
produire l'effet que l'on veut obtenir.

3° *Gravure à l'eau-forte et au burin, appelée aussi
eau-forte de graveur.* — Ces gravures s'obtiennent
en employant les deux manières dont je viens de
vous parler. On commence par faire mordre la
planche par l'eau-forte, et l'on termine le travail
au burin; c'est la méthode généralement employée
aujourd'hui.

**Procédés employés pour imiter le dessin et le
lavis.** — Pour compléter ce que j'ai à vous dire
sur la gravure en taille-douce, je vous donnerai
une idée de quelques procédés employés pour imiter, soit le dessin, soit le lavis.

Gravure en manière noire. — La manière noire
ne remonte qu'au commencement du xviie siècle.
Au lieu de donner des traits noirs sur le blanc du

papier, elle produit des traits blancs sur un fond noir.

Avant de graver, on couvre la planche qui doit servir d'une infinité de petits trous produits au moyen d'une espèce de ciseau en acier, dont la partie intérieure est demi-circulaire et taillée comme une lime; ce qui donne une multitude de petites pointes fines. Le graveur appuie cet outil sur la planche en le penchant alternativement d'un côté et de l'autre, ce qui fait donner à cet instrument le nom de *berceau*. Le graveur répète cette opération dans plusieurs sens, et obtient ainsi un pointillé uniforme, qui donne à l'impression un noir intense.

Sur cette planche, ainsi préparée, on trace le dessin et, avec un grattoir, le graveur enlève les points produits par le berceau, dans tous les endroits qui doivent être clairs. Ce grattage est d'autant plus complet que la lumière que l'on veut obtenir est plus vive. Dans les endroits complétement blancs, le pointillé est non-seulement complétement enlevé, mais encore le métal de la planche est parfaitement poli et bruni.

Aquatinte. — On trace à l'eau-forte le contour du dessin, on enlève le vernis dans toute la partie occupée par le dessin, et l'on nettoie parfaitement la planche. On recouvre alors la plaque de poudre de résine très-fine, que l'on fait attacher en chauffant le métal en dessous avec un flambeau de papier. Cette manière d'agir recouvre la plaque d'une multitude de petits points résineux laissant entre eux le métal à nu. L'eau-forte ne mord que ces dernières parties et produit une espèce de pointillé nommé *grain*. Le grain est d'autant plus fin que l'épaisseur de la résine et que le degré de chaleur de la planche sont moins considérables; il peut l'être assez pour produire à l'œil l'effet d'un lavis ou d'une sépia.

Ce premier travail fait, on couvre de vernis toutes les parties du dessin qui doivent rester blanches, et l'on fait agir l'eau-forte. Quand les parties les moins teintées sont assez mordues, on enlève l'eau-forte, on lave la planche, on la fait sécher, et l'on recouvre les parties assez mordues. On met de nouveau l'eau-forte et l'on agit comme précédemment, renouvelant l'opération jusqu'à ce que l'on soit arrivé à creuser assez les parties les plus teintées.

Gravure au pointillé. — Dans ce genre de gravure, qui n'est plus guère employé, on exécute le dessin, non avec des traits, mais exclusivement avec des points, plus ou moins grands, plus ou moins rapprochés, qui se font avec de petits poinçons en acier. Les parties du métal relevées autour des points sont enlevées avec le grattoir, de manière à rendre la planche aussi unie que possible en dehors des points.

Gravure au vernis mou. — Dans la gravure à l'eau-forte, on couvre la planche d'un vernis qui s'enlève ensuite avec la pointe, et l'on fait mordre; dans la gravure au vernis mou, on mêle au vernis de la graisse de porc qui le laisse un peu mou après le refroidissement. Par-dessus ce vernis, on applique une feuille de papier très-fin, sur laquelle on dessine, avec un crayon de mine de plomb, comme on le ferait sur une feuille de papier ordinaire. Quand le dessin est terminé, on enlève le papier, qui entraîne avec lui le vernis partout où le crayon a passé, laissant le métal plus ou moins à nu, suivant la pression exercée par le crayon. On fait mordre alors comme pour la gravure à l'eauforte.

Gravure au moyen d'un jet de sable ou d'émeri. — On doit à M. Morte, de New-York, un procédé on ne peut plus ingénieux pour graver sur le verre et sur les métaux. Il place, à $2^m,50$ environ au-dessus du graveur, une caisse remplie de sable ou d'émeri très-fin, qui tombe par un petit tuyau sur la plaque à graver. Les parties qui doivent rester blanches sont couvertes de papier, tout le reste est attaqué par l'émeri, qui ronge la plaque dans tous les endroits découverts. En protégeant les parties assez attaquées et faisant tomber l'émeri sur celles qui doivent être plus accusées, on arrive à une gravure d'une finesse extrême.

Moyens mécaniques de graver. — *Roulettes.* — Les graveurs emploient avec avantage des instruments terminés par une petite roulette, portant des parties saillantes rangées régulièrement. Ces instruments, nommés roulettes, portent des dessins différents appropriés aux travaux du graveur. Elles permettent de gagner beaucoup de temps sur le travail au burin seul. Il y a même certaines gravures qui se font avec ces seuls instruments.

Machines à graver. — Elles tracent des lignes droites ou courbes aussi fines qu'on le désire, parallèles entre elles et aussi rapprochées qu'on peut le vouloir. Ordinairement, on commence par graver à l'eau-forte l'esquisse du dessin à reproduire, et l'on place la planche sous la machine, qui met en quelque sorte des teintes plates plus ou moins énergiques, partout où il est nécessaire. Presque toutes les gravures en taille-douce des livres illustrés et beaucoup de vignettes anglaises sont exécutées de cette manière.

Impression en taille-douce- — La planche terminée est livrée à l'imprimeur en taille-douce, qui doit tirer les épreuves.

Quel que soit le moyen employé pour graver en taille-douce, burin, eau-forte ou tout autre procédé, la gravure est toujours composée de creux, qui constituent dans leur ensemble le dessin reproduit. Il faut remplir d'encre tous ces creux, placer sur la planche une feuille de papier, et la presser avec assez d'énergie pour qu'elle pénètre dans ces creux et prenne l'encre déposée.

L'imprimeur en taille-douce place la planche, qui doit être soumise à la presse, au-dessus de la *boîte*, espèce de caisse qui contient un réchaud rempli de braise; il lui donne ainsi une certaine température, nécessaire pour maintenir bien liquide l'encre dont il va se servir. Il recouvre, avec un tampon, toute la planche d'une couche d'encre qu'il étend et fait pénétrer dans les creux ; quand il juge que tous ces derniers sont bien remplis, il enlève avec soin toute l'encre en dehors des tailles.

La presse en taille-douce est excessivement simple, quelle que soit sa disposition et sa forme; elle se compose toujours des mêmes parties : une table solide AA (fig. 15) portant, vers son milieu, deux montants BB qui reçoivent les axes de deux cylindres CC, entre lesquels doivent passer la table mobile D, la planche F et la feuille de papier qu'elle porte. Au moyen des leviers G, l'imprimeur fait passer la table mobile entre les deux cylindres,

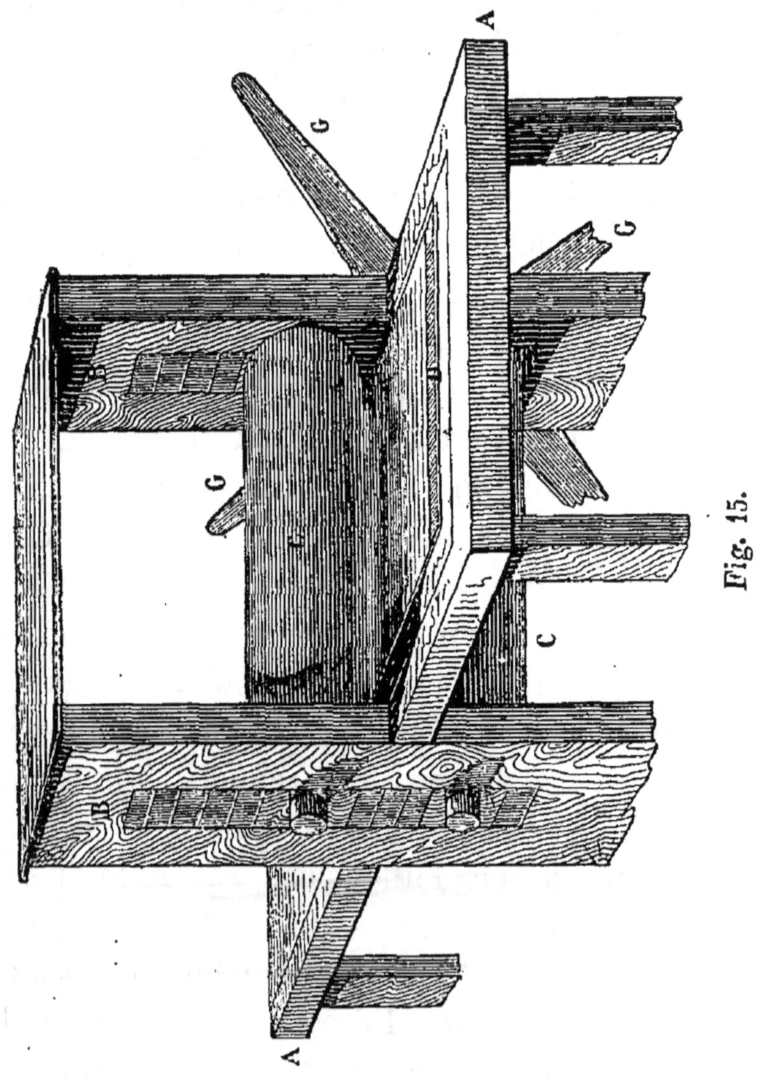

disposés pour exercer une grande pression. Le papier humide, placé sur la planche, pénètre dans les tailles et prend l'encre. Les leviers abandonnés à eux-mêmes, la table mobile revient sur ses pas avec la planche et le papier. L'épreuve est relevée, la planche encrée, une autre feuille est placée dessus, et l'imprimeur agit sur les leviers. Une seconde épreuve est obtenue, et ainsi de suite, jusqu'à ce que l'on ait tiré le nombre demandé.

Tirage en couleurs. — Ordinairement, les aquatintes et les gravures à la manière noire, destinées à reproduire des estampes, sont imprimées en couleur; du reste, toutes les autres gravures peuvent l'être aussi.

Il y a deux manières de tirer en couleurs :

1° L'imprimeur peut recouvrir d'encres de différentes couleurs les parties de la planche, en se guidant sur le modèle qui lui a été remis. Mais cette méthode est bornée et exige presque toujours des retouches à la main.

2° On fait, le plus souvent, quatre planches du même sujet; chacune d'elles reçoit seulement une des quatre couleurs, noir, bleu, rouge, jaune. Chaque épreuve passe sur chacune de ces planches et reçoit ainsi, par la combinaison ou la superposition des quatre couleurs et du blanc du papier, à peu près tous les tons nécessaires.

Gravure en relief ou en taille d'épargne. — Dans

ce genre de gravure, les traits du dessin ne sont plus creusés, ils restent au contraire en relief; la taille ne se fait que dans les parties qui, au tirage, doivent être blanches. Les planches obtenues ainsi ont cet immense avantage de pouvoir être tirées en même temps que le texte d'un livre, par exemple, et de permettre de donner à bon marché des ouvrages illustrés, comme ceux que vous avez chaque jour entre les mains. Elles entrent en forme avec les caractères typographiques, ce qui ne peut se faire avec les gravures en creux, qui demandent au tirage une pression beaucoup plus grande.

La gravure en relief s'exécute surtout sur certains bois, le buis entre autres, coupé perpendiculairement à ses fibres. Cet art dérive de la sculpture sur bois, qui fut pratiquée de tous temps; mais il ne prit une grande importance que le jour où l'on put reproduire, sur papier, les images gravées. Il est plus que probable que la découverte de l'imprimerie tabellaire, et plus tard celle de la typographie, sont dues aux lettres que l'on gravait sur les planches représentant des images. La gravure sur bois ne fut guère introduite en Europe que vers le commencement du xvᵉ siècle; elle produisit une véritable révolution, en faisant descendre le prix des images au point de les mettre à la portée de tout

le monde. Jusque-là, les bibles et les livres de re-
ligion étaient à peu près les seuls illustrés de mi-
niatures et d'autres peintures ravissantes, exécutées
avec une perfection qui n'a pu être dépassée. Mais
aussi, ces ouvrages étaient d'un prix tel, qu'ils ne
pouvaient être achetés que par les riches couvents
de l'époque ou par les grands seigneurs. La gravure sur bois ne reproduisit d'abord que des images
grossières de saints ; mais, aujourd'hui, c'est un
art véritable qui donne aussi des chefs-d'œuvre.

Gravure sur bois. — Les planches de bois,
ou mieux les bois, qui servent à graver, sont bien
dressés et bien polis, avant d'être employés. Pour
que la surface, qui doit recevoir le dessin, ne boive
pas, et que le crayon ou l'encre s'y applique bien,
on la couvre, au moyen d'un pinceau, d'une couche
très-légère de blanc liquide. Sur le bois, ainsi préparé, le dessinateur ou l'artiste exécute, au crayon
ou à la plume, la composition qui doit être gravée,
et livre ensuite son travail au graveur, qui creuse
les blancs, soit au burin, soit à la gouge.

Les bois ainsi gravés, ou mieux sculptés, sont
livrés à l'imprimeur, qui les fait entrer dans la composition de l'ouvrage qu'ils doivent illustrer, et les
tire en même temps que le texte. La dureté du bois,
très-grande par elle-même, pourrait suffire pour
obtenir une quantité considérable d'exemplaires ;

mais aussi, en cas d'accidents pendant le tirage, ces bois se trouveraient perdus, et il en résulterait de grands retards, puisque dessins et gravures seraient à recommencer. Pour obvier à cet inconvénient, depuis la découverte de la galvanoplastie, on fait faire des clichés en cuivre reproduisant exactement les bois. Ce procédé est surtout précieux et économique quand il faut faire le tirage sur plusieurs presses en même temps et que, par suite, on doit avoir plusieurs exemplaires des mêmes bois. Je vous dirai plus loin comment on procède pour obtenir des espèces de clichés des bois gravés.

Gravure en relief sur métal. — La gravure en relief ne s'exécute pas seulement sur le bois; dans les premiers temps, les gravures des livres illustrés furent exécutées sur des plaques de cuivre qui résistent mieux au tirage; mais ces planches étaient d'un prix considérable. La gravure des cachets, des médailles, les griffes qui servent à imprimer à la main le nom et les marques de fabrique, se font sur cuivre et même sur acier. Les gravures si compliquées et souvent si artistiques des papiers-monnaie, des timbres-poste, etc., se font aussi sur acier.

Il était tout naturel de penser à employer l'eau-forte pour creuser les intervalles des traits, dans les gravures en relief sur métal ; on a fait bien des essais de ce genre sans arriver à des résultats satisfaisants. Il est beaucoup plus difficile d'obtenir, avec l'eau-forte, un trait en relief qu'un trait en creux, parce que l'acide agit non-seulement sur les parties qu'il recouvre, mais encore sous celles qui doivent rester en relief. Aussi, vu la profondeur des creux nécessités par l'impression typographique, semble-t-il impossible de tirer un grand parti de l'eau-forte pour la gravure en relief sur métal. L'enlèvement du métal dans les grands blancs coûte fort cher, aussi a-t-on inventé des instruments qui font ce travail mécaniquement et rapidement.

J'aurai encore à vous parler de la gravure sur pierre lithographique dans les entretiens suivants. Quand il sera question de galvanoplastie, j'aurai aussi à vous entretenir de la gravure par dépôt, en creux ou en relief, procédés probablement appelés à un grand avenir.

Stéréotypie. — *Clichage au plâtre.* — On reproduit les planches typographiques et les gravures en relief, de la manière suivante : On enduit d'un corps gras la planche à stéréotyper ; avec un pinceau on applique sur les caractères ou sur les traits, et dans les intervalles qui les séparent, du

plâtre passé au tamis de soie et mouillé de manière
à fournir une bouillie liquide; on fait pénétrer
cette bouillie dans toutes les cavités, dans toutes
les tailles des gravures en frappant le plâtre avec
une brosse douce et fine; puis on verse sur le tout
une couche de plâtre, jusqu'au niveau d'un châssis
mobile qui entoure la planche ou la forme.

Quand le plâtre est sec, on le retire et on a en
creux la reproduction exacte de la planche; c'est
ce qu'on appelle un moule ou une matrice. On le
fait sécher au four; on le renferme alors dans une
boîte en métal percée de deux trous; on plonge
cette boîte dans une chaudière remplie d'un alliage
de plomb et d'antimoine, ou de métal à caractères.
Cet alliage entre dans la boîte, pénètre dans tous
les creux du plâtre, et l'on a ainsi une reproduction
exacte de la planche primitive.

De cette manière, et sans grandes dépenses,
on peut avoir autant de clichés qu'on le désire
d'une même planche, et, par suite, obtenir
un nombre indéfini d'exemplaires, sans que les
derniers tirages soient inférieurs aux premiers.

Clichage au papier. — Le plâtre n'est plus la
seule matière employée pour la stéréotypie des
planches typographiques; aujourd'hui, on fait généralement usage du papier, qui est plus économique que le plâtre, et qui ne nécessite pas l'emploi

de l'huile pour graisser les caractères. Les empreintes sont prises au moyen de feuilles de papier superposées, entre lesquelles on étend, avec un pinceau, une pâte souple faite avec du blanc d'Espagne et de la colle de pâte ou de peau. On appelle ces sortes de cartons mous des *flans*.

On les fait pénétrer dans les différents vides laissés entre les caractères, au moyen d'une brosse avec laquelle on frappe, ou au moyen de la pression exercée par un cylindre. Les flans moulés sont séchés sur la planche et placés dans une boîte nommée *registre*, qui reçoit la matière en fusion qui doit former le cliché.

Ce système est beaucoup employé pour l'impression des grands journaux, qui demandent le travail de plusieurs presses en même temps; il permet de produire en quelques heures des clichés en nombre suffisant et, surtout, des clichés cylindriques, pouvant s'adapter sur les cylindres imprimeurs de certaines presses mécaniques.

Quand je vous parlerai de la galvanoplastie, vous verrez qu'il y a encore des moyens plus simples, sinon plus prompts, pour obtenir des clichés parfaits.

LITHOGRAPHIE

Historique. — La lithographie sert à reproduire sur papier les caractères, les traits, les dessins, etc., faits sur pierre avec un corps gras.

Des circonstances, diversement rapportées, semblent avoir donné naissance à cet art, qui date seulement du commencement de notre siècle. On dit souvent, sans se rendre bien compte de la pensée qu'on exprime, que le hasard est pour tout, ou du moins pour beaucoup, dans telle ou telle invention. Chers lecteurs, le hasard ne joue aucun rôle dans toute la nature, parce que tout est soumis à des lois immuables, créées par une sagesse et une prévoyance infinies. Au lieu du hasard, mettez la nécessité, et tout est expliqué. Il est vrai de dire que, parfois, un inventeur est arrivé à un tout autre résultat que celui qu'il cherchait; les essais, les tentatives sans nombre qu'il doit faire, le conduisent souvent à des découvertes qu'il n'entrevoyait pas et qu'il suit. Il fait comme le mineur qui, poursuivant un filon de cuivre, par exemple, le trouve croisé par un filon d'or, et qui abandonne le premier pour suivre le second. Est-ce donc le

hasard qui a fait rencontrer cet or ? Si l'on n'avait
pas cherché le cuivre, y serait-on arrivé? La découverte du filon d'or est due seulement au travail.
Souvenez-vous de cette grande vérité : Il n'y a
pour trouver que ceux qui cherchent.

Quoi qu'il en soit, je vais vous conter, en peu
de mots, l'histoire d'*Aloys Senefelder*, l'inventeur
de l'impression lithographique. Je prends, parmi
toutes les versions, celle qui me semble le plus répondre aux idées que je viens de vous communiquer.

Aloys Senefelder, musicien bavarois assez mé-
diocre, était attaché au théâtre de Munich comme
choriste. Il composa deux ou trois pièces qui obtin-
rent peu de succès. Pensant que la publication de
ses œuvres le mènerait à la gloire et à la fortune,
il voulut faire graver sa musique; mais tous les
graveurs auxquels il s'adressa refusèrent d'entre-
prendre ce travail, craignant de ne pas être payés.
Après avoir épuisé tous les moyens sans arriver au
but qu'il poursuivait, il entreprit de graver lui-
même sa musique au burin.

Je ne vous raconterai pas toutes les vicissitudes
de ce pauvre artiste, qui fut obligé d'inventer un
art qu'il ne connaissait pas et qui, par suite, passa
et repassa par les chemins battus sans arriver à
rien. Il n'avait même pas de quoi acheter une plan-

che de cuivre; aussi employait-il le bois et le plomb. Après mille essais infructueux, il parvint à se procurer une plaque de cuivre pour essayer de graver à l'eau-forte. Il composera d'abord la première feuille et, après son tirage, il effacera la gravure pour produire la seconde feuille, et ainsi de suite. Tel est son plan bien arrêté. Mais le pauvre Senefelder était aussi étranger à l'art de graver à l'eau-forte qu'à celui de la gravure au burin, qu'il avait été forcé d'abandonner, et il ne put arriver à aucun résultat satisfaisant.

Il allait un jour, bien découragé, par les rues de Munich, cherchant toujours comment atteindre son but; ses regards sont dirigés vers la terre; la nature des pierres qu'il foule aux pieds attire son attention. Ces dalles, dont le grain paraît si fin, et qui peuvent recevoir un poli si doux, ne pourraient-elles pas remplacer le cuivre, si cher et si difficile à travailler? Il sait que ces pierres viennent des carrières de *Solenhofen*, village peu distant de Munich; il va aussitôt en acheter une. Nouveaux essais, nouvelles expériences sans résultat; cependant il ne perd pas courage, il cherche toujours. Un matin, sa blanchisseuse entre : il faut faire la liste du linge à donner. Senefelder n'a pas de papier sous la main; il ne veut pas quitter son travail; il prend sa plume, la trempe dans de l'encre grasse et écrit la note sur la pierre qu'il a devant lui, se réservant de la copier plus tard.

En effet, il en prend copie et va effacer le tout; mais avant, il se demande si l'eau-forte ne respecterait pas cette encre comme elle respecte le vernis sur le cuivre, et si elle n'aurait pas assez d'action pour donner, aux caractères tracés avec la plume, un relief suffisant pour permettre d'en tirer des épreuves. Ses prévisions étaient justes; l'eau-forte mordit la pierre tout autour des lettres tracées, qui restaient en relief. Mais ce relief n'était pas suffisant pour permettre le tirage typographique sans produire des empâtements.

Senefelder, qui ignorait complétement les tentatives faites déjà dans cet ordre d'idées, n'avait fait, jusqu'à ce moment, que revenir sur les pas de ses devanciers. Ses travaux seraient restés inutiles et infructueux comme les leurs si, au lieu de suivre la voie tracée, il n'en avait pas pris une nouvelle.

Le relief obtenu avec l'eau-forte était à peine sensible; cependant, il se passait un fait extraordinaire : l'encre d'imprimerie ne s'attachait pas sur les parties mordues par l'eau-forte; ces parties avaient donc subi une modification. Senefelder en conclut qu'il était peut-être inutile de chercher un relief, qui pouvait n'être pas nécessaire; de nouvelles expériences confirmaient ses prévisions et l'imprimerie lithographique était découverte.

Ainsi les longs et pénibles travaux entrepris par Senefelder pour graver la musique le conduisirent à la découverte suivante, qui est le principe même de la lithographie : Pour reproduire de l'écriture ou un dessin, il suffit d'écrire ou de dessiner, sur une pierre de Solenhofen bien polie, avec une encre grasse ou un crayon gras; de verser sur cette pierre de l'acide nitrique étendu d'eau, et d'encrer la pierre pour la soumettre au tirage.

Où donc est le hasard dans tout ce que je viens de vous dire? On ne peut y voir que la nécessité qui poussa ce pauvre artiste. Des circonstances particulières, créées par son travail et sa persévérance, le conduisirent dans une nouvelle voie, qu'il se hâta de prendre; le hasard n'y est pour rien.

La découverte est faite, mais il faut la rendre pratique, créer toute une industrie ; Senefelder avait encore bien des difficultés à vaincre, et il se remit courageusement au travail. Les presses, les rouleaux employés pour la typographie devaient être modifiés; Senefelder exécuta lui-même tous ces changements, et, en 1799, l'outillage et le matériel pratiques, employés encore aujourd'hui pour la lithographie, étaient créés. Senefelder eut le bonheur de voir, de son vivant, l'art qu'il avait inventé se répandre dans toute l'Europe.

Comme toujours, des préventions non justifiées, des craintes exagérées s'opposèrent tout d'abord à l'extension de la lithographie; les artistes surtout redoutèrent le tort qu'elle allait faire à la gravure, non-seulement au point de vue du prix, mais encore à celui du goût artistique. Toutes ces craintes étaient mal fondées : la gravure et la lithographie vivent côte à côte, non-seulement sans se nuire, mais en s'aidant mutuellement et se complétant, et l'une et l'autre produisent des chefs-d'œuvre.

Pierres lithographiques. — Comme je vous l'ai dit, les premières pierres lithographiques furent tirées de Solenhofen, village près de Munich. C'est un carbonate de chaux, dont le grain est fin et serré comme celui du marbre; la couleur de ces pierres est jaunâtre, et elles se divisent facilement en tranches plates bien planes; elles sont, par leur nature, susceptibles d'être pénétrées par les corps gras, l'eau et les acides. L'eau-forte les attaque et les décompose, quand elles ne sont pas recouvertes d'un corps gras.

On emploie, pour la lithographie, plusieurs espèces de pierres qui sont plus ou moins bonnes : celles de Munich ou de Solenhofen servent ordinairement pour les dessins et les écritures fines; celles de France, tirées de Châteauroux (Indre) et du département de l'Aube, sont inférieures aux premières et ne servent que pour la reproduction des écritures. On fait depuis quelque temps des pierres artificielles, qui semblent devoir nous éviter d'être tributaires de l'Allemagne.

Encre et crayons lithographiques. — La qualité des encres et des crayons lithographiques a une très-grande importance; aussi la plupart des lithographes composent les leurs, qui sont, en général, des mélanges de savon, de cire, de suif, de gomme laque et de noir de fumée.

Opérations diverses qui constituent la lithographie. — La pierre lithographique doit avoir les faces parallèles, les angles limés, et l'une de ses faces parfaitement dressée et polie, à la pierre ponce pour l'écriture, au sable fin, ou *grénée*, pour le dessin.

On écrit à l'envers, sur cette pierre, avec une plume en fer trempée dans l'encre grasse; on dessine avec un crayon lithographique.

L'écriture ou le dessin terminé, on lave la pierre avec un mélange d'eau, de gomme et d'eau-forte; ce lavage fixe le dessin et le rend insoluble; le liquide s'introduit dans les parties de la pierre non couvertes d'encre ou de crayon et les rend incapables de recevoir l'encre d'impression, tout en les rendant susceptibles de se laisser pénétrer par l'eau. Remarquez bien qu'il ne s'agit plus de creuser les parties non dessinées de la pierre pour rendre ce dessin saillant ou en relief. Il se passe ici un phénomène qui a quelque rapport avec celui qui s'est souvent offert à vos yeux, sans attirer votre attention probablement : je veux parler des vitres sur lesquelles on trace, avec le doigt, des lettres ou des dessins, et sur lesquelles on souffle ensuite pour envoyer son haleine. La vapeur d'eau, apportée par l'air qui sort du corps humain, se condense sur le verre partout où le doigt n'a pas passé. Les parties touchées par le doigt sont assez grasses pour empêcher le verre d'être mouillé, et elles restent transparentes, tandis que les premières deviennent opaques. La comparaison entre l'effet produit sur la pierre et celui dont je viens de vous parler, présente certaines différences qu'il faut bien saisir. Si, après avoir dessiné ou écrit sur pierre, on ne passait pas d'eau acidulée, toutes les parties, et celles recouvertes par le dessin et toutes les autres recevraient l'encre d'impression. L'eau acidulée transforme les parties non couvertes d'un corps gras et les rend incapables de retenir l'encre, tandis qu'elle les laisse pénétrer par l'eau.

La pierre ainsi préparée peut servir à l'impression.

Presse lithographique. — Les presses lithogra-

phiques varient beaucoup de forme, mais toutes
se composent, à peu près, des mêmes parties que

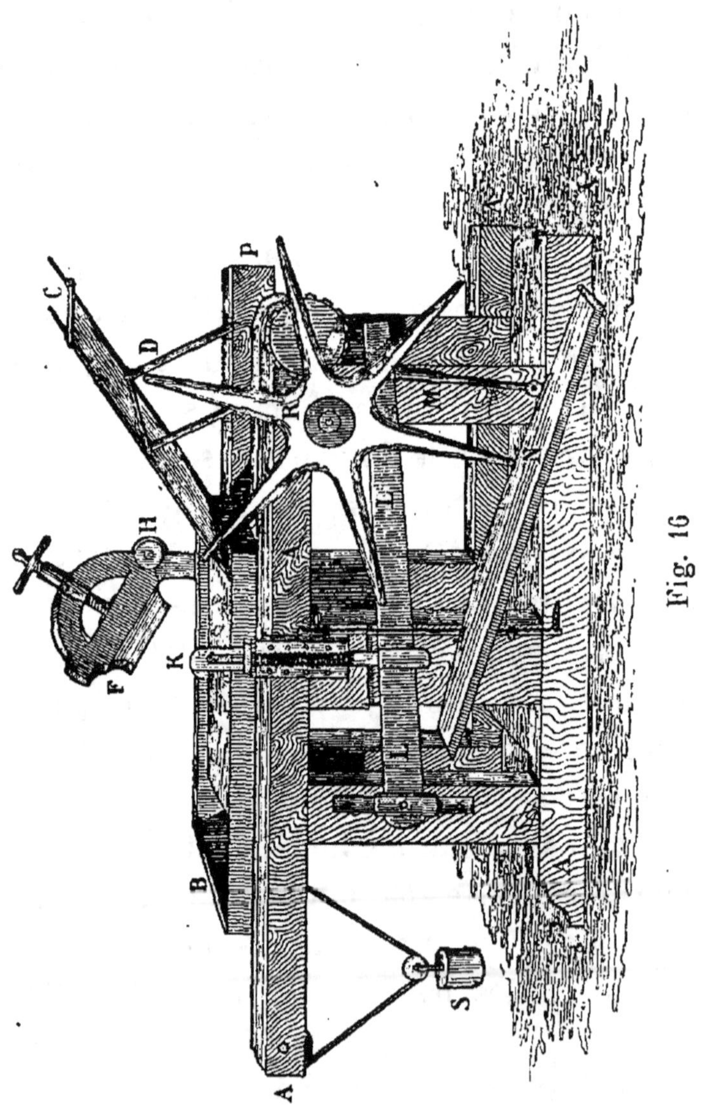

celle représentée par la figure 16. AA est un bâti
solide, sur lequel peut glisser un chariot BB, qui

reçoit la pierre lithographique. Sur le chariot, et par suite sur la feuille de papier qui doit recevoir l'encre de la pierre, peut s'abattre le châssis en fer C, qui porte une peau d'âne bien tendue; le petit chevalet D soutient le châssis quand il est relevé. E est un râteau maintenu dans une garniture, qui peut se lever et s'abaisser en tournant autour d'une espèce de charnière H, fixée au bâti; l'autre extrémité de la monture du râteau forme pène et peut, à volonté, s'engager dans la ferrure K, pouvant monter et descendre dans une glissière verticale, fixée sur un des supports du bâti. L'extrémité inférieure de la ferrure K reçoit le levier LL, sur lequel agit la pédale N, au moyen de la bielle M. Le chariot B, au moyen d'une courroie O, qui s'enroule sur un cylindre P, que fait tourner la roue à manettes R, peut glisser sur la droite du bâti; le contre-poids S le ramène à gauche quand l'ouvrier lithographe abandonne la roue à manettes R.

Le châssis C est disposé de manière à pouvoir être mis à la hauteur de la pierre, quelle que soit l'épaisseur de cette dernière; on peut aussi tendre la peau d'âne. Une vis de pression permet à l'ouvrier de descendre ou de monter le râteau dans sa monture. La pédale N, une fois abaissée, est maintenue par un ressort pendant tout le temps que l'ouvrier fait passer la pierre sous le râteau.

Comme je vous l'ai dit, on fait des presses lithographiques de bien des formes différentes : les unes exercent une pression uniforme et ont seulement le râteau mobile, les autres se rapprochent plus ou moins des presses mécaniques typographiques. Les inventeurs sont toujours poussés par l'espérance de simplifier le tirage, d'économiser le temps de l'ouvrier ; car, comme le disent fort bien les Anglais, « le temps est de l'argent. »

Tirage lithographique. — On pose la pierre sur le chariot et on la saisit avec des coins en bois ; on la mouille avec de l'eau propre et on enlève l'encre ou le crayon avec de l'essence de térébenthine. On passe ensuite une éponge mouillée, dont l'eau s'introduit seulement dans les parties en dehors du dessin ; dans cet état, la pierre est d'un ton uniforme et à peu près comme si l'on n'avait pas écrit ou dessiné dessus.

On passe sur la pierre un rouleau élastique enduit d'encre d'imprimerie, qui ne s'attache que sur les parties qui ont été écrites ou dessinées, laissant intactes toutes les autres ; et, sur cette pierre qui semblait ne rien contenir, apparaissent tout à coup les caractères ou le dessin qui ont été tracés antérieurement.

On met une feuille de papier un peu humide sur la pierre ; on recouvre cette première feuille d'une seconde, dite de *maculature*, qui a pour but d'empêcher la première d'être salie. On abaisse sur le tout le châssis C (fig. 16) préalablement mis à la hauteur voulue et dont le cuir a été tendu convenablement. On abaisse le porte-râteau pour engager le pêne dans la glissière H ; la hauteur du râteau a été réglée d'avance.

L'ouvrier lithographe pèse sur la pédale et, au moyen de la roue à manettes R, fait passer le chariot sous le râteau, qui exerce une pression suffisante pour imprimer le dessin de la pierre sur la feuille. La roue à manettes abandonnée, le chariot revient sur ses pas ; le porte-râteau est relevé, le châssis est renversé sur son chevalet, la maculature et la feuille sont enlevées.

L'éponge humide, puis le rouleau encreur sont passés de nouveau sur la pierre ; une nouvelle feuille et la maculature sont placées dessus, le châssis est abaissé, et l'on procède à un second tirage.

Différentes manières d'écrire et de dessiner sur pierre. — On écrit sur la pierre lithographique à l'envers, avec une plume de fer trempée dans de l'encre grasse ; on dessine avec un crayon gras. On imite tous les genres de dessin, même le lavis ; Senefelder a tout essayé. Il n'était certainement pas arrivé aux résultats obtenus aujourd'hui ; mais il a

tout fait entrevoir, ne laissant à ses successeurs que
le soin de perfectionner son œuvre.

Retouches et corrections. — Il faut parfois retoucher une pierre, par suite effacer de mauvais
traits pour en faire de meilleurs. Il y a beaucoup
de moyens employés, je ne vous en citerai qu'un :
il consiste à laver les parties de la pierre, sur lesquelles sont les traits à enlever, avec de l'essence
de térébenthine jusqu'à ce que ces traits aient com
plétement disparu ; à laver ensuite avec de l'eau
simple, et enfin à passer du vinaigre sur toutes les
parties lavées à l'essence et à l'eau. Il suffit alors
de bien laisser sécher la pierre pour pouvoir raccor-
der les parties à refaire avec celles faites.

Zincographie. — Senefelder pensait avec raison que sa découverte était tellement utile qu'elle
allait se répandre partout. Son extension ne pouvait donc pas être subordonnée à l'emploi de pierres
particulières, qui semblaient si peu communes ;
aussi fit-il de nombreuses expériences, et il arriva
à remplacer les pierres par des plaques de zinc.

La lithographie au moyen du zinc n'est peut-être
pas encore aussi sûre et aussi facile qu'avec les
pierres ; mais cette infériorité diminue chaque jour,
et les avantages de ce procédé sont nombreux. Les
plaques de zinc coûtent beaucoup moins cher de

premier achat; elles tiennent moins de place, elles se manœuvrent plus facilement et conservent une valeur toujours facile à réaliser. Plus douces que les pierres, d'un grain plus serré, elles résistent davantage à l'action de l'eau-forte et de la pression. Le zinc, gréné comme la pierre lithographique, acquiert presque les mêmes qualités qu'elle, c'est-à-dire qu'il se laisse mouiller par l'eau, ce qu'il fait difficilement quand il est poli et bruni. Je n'entrerai pas dans plus de détails sur l'emploi de cette matière; mais pour toutes ces choses, que je vous dis en quelques mots, il a fallu bien des travaux, bien des veilles et bien des fatigues. C'est en voyant combien il est difficile de faire quelque chose de connu que l'on comprend combien doivent être plus grandes les difficultés pour arriver à découvrir quelque chose de nouveau. Il n'y a que les paresseux et les ignorants qui pensent que l'on puisse faire quoi que ce soit sans beaucoup de temps et de travail.

Autographie. — L'autographie consiste à écrire avec une encre grasse sur un papier particulier, à faire adhérer les caractères sur une pierre ou sur une plaque de zinc, et à se servir de la pierre ou du zinc pour l'impression.

C'est un moyen de reproduction on ne peut plus

simple, puisque l'on peut écrire sur le papier ordinaire et à l'endroit. L'écriture étant reportée sur pierre se trouve à l'envers.

Transport sur pierre. — Du reste, il n'est pas indispensable que les caractères soient tracés sur un papier particulier; un dessin ou de l'écriture fraîchement imprimée est facilement transportée sur pierre. C'est ainsi que l'on fait autant de pierres qu'on le désire du même sujet, et que l'on arrive à un tirage indéfini.

Par ce procédé économique, on peut même reproduire à bon marché des ouvrages ou des gravures récemment imprimés, et dont l'encre est encore assez fraîche pour pouvoir se décharger sur une pierre.

Quoique le bon marché des livres soit une question des plus importantes pour l'instruction de tous, il ne faut pas que ce moyen serve à dépouiller les auteurs et les éditeurs, en leur enlevant les bénéfices de leur travail. C'est pour arriver à ce résultat, si moral et si juste, que les nations font entre elles des conventions, des traités, qui garantissent les droits des auteurs et des éditeurs.

Les ouvrages anciens, qui sont tombés dans le domaine public, ne peuvent pas, jusqu'à ce jour, être reproduits par le transport sur pierre. La chimie n'a pas encore donné le moyen de raviver l'encre d'imprimerie devenue trop sèche. Quand ce problème si intéressant sera résolu, — et il le sera, soyez-en convaincus, — nous aurons à bon marché les ouvrages précieux de nos devanciers, qu'il serait trop dispendieux de reproduire au moyen de la typographie. On est déjà arrivé à des résultats qui donnent tout espoir de réussir, puisqu'il n'y a plus guère que la question du bon marché a résoudre.

CHROMO-LITHOGRAPHIE OU LITHOGRAPHIE EN COULEURS. — C'est un art tout nouveau, ou du moins qui est arrivé de nos jours à un perfectionnement extraordinaire, et auquel les grands établissements lithographiques de France doivent en partie leur prospérité. Il a beaucoup contribué à l'impulsion donnée à la gravure en taille-douce en couleurs et à la *chromo-typographie*.

En 1837, la maison Engelmann père et fils, de Mulhouse, prit un brevet d'invention pour la chromo-lithographie; la même année, *M. Engelmann* fils vint fonder cette nouvelle industrie à Paris. Par le fait, la chromo-lithographie, ou du moins l'impression en couleurs des épreuves lithographiques, était connue depuis longtemps; mais le système de MM. Engelmann était complet. Avec des procédés mécaniques nouveaux de repérage et de décalquage, et l'emploi du papier glacé à la place du papier humide, ils étaient arrivés à faire de cette branche de la lithographie un art véritable et une industrie toute nouvelle.

Aujourd'hui, la chromo-lithographie reproduit des dessins coloriés, imitant le lavis, l'aquarelle et même la peinture à l'huile. On procède comme pour la gravure en couleurs, avec cette différence que l'épreuve passe successivement sur un bien plus grand nombre de pierres du même sujet. Ces pierres, presque aussi nombreuses que les tons de la peinture à reproduire, ne portent généralement qu'une couleur. Il y a des chromo-lithographies qui exigent jusqu'à trente pierres.

GRAVURE SUR PIERRE. — Pour la gravure en creux sur pierre lithographique, cette dernière est teintée en noir ou en rouge, de manière que les traits qui seront tracés se détachent bien du fond. Le graveur décalque ou dessine le sujet; il le grave ensuite avec des pointes et des burins de diférentes formes. Il emploie aussi des roulettes et des machines, semblables à celles dont je vous ai parlé au sujet de la gravure en taille-douce.

Pour la gravure sur pierre, en relief, on agit de

bien des manières ; le plus souvent, cependant, on exécute le dessin avec une plume ou un pinceau trempé dans un vernis facile à employer, mais non attaquable par l'eau-forte, jusqu'à ce que l'on ait obtenu le relief désiré.

PHOTOGRAPHIE

Historique. — Les alchimistes étaient parvenus à unir l'argent avec ce qu'ils appelaient l'*acide marin;* ils avaient obtenu un sel blanc, auquel ils donnèrent le nom de *lune*, ou *argent corné*. Ce sel, qui est un chlorure d'argent, noircit sous l'action de la lumière, et cet effet est d'autant plus marqué que les rayons lumineux qui le frappent sont plus vifs. Si une feuille de papier, enduite de chlorure d'argent, reçoit une image quelconque, donnée par une lentille, les parties obscures de l'image, celles sur lesquelles la lumière ne frappe pas, restent blanches; au contraire, celles éclairées sont d'autant plus noires que la lumière est plus vive. Cette particularité du chlorure d'argent, découverte par les anciens alchimistes, avait préoccupé beaucoup de savants, qui cherchaient le moyen de l'utiliser.

D'un autre côté, la chambre noire de Jean-Baptiste Porta semblait aussi devoir donner d'autres résultats que ceux que l'on connaissait. Ces deux idées, les images de la chambre noire et l'action de la lumière sur le chlorure d'argent, s'unirent dans l'esprit de bien des savants, qui cherchaient les moyens de fixer ces images.

Un physicien, du nom de Charles, était arrivé à faire des silhouettes par l'action de la lumière, mais il mourut, emportant son secret avec lui. Les physiciens anglais Wegwood et sir Humphry Davy imaginèrent de copier des vitraux et même des gravures sur des peaux et des feuilles de papier enduites de chlorure ou de nitrate d'argent; mais, toutes ces images noircissaient sous l'action de la lumière, et tout devenait, au bout de peu de temps, d'un noir uniforme.

Tel était l'état de la question au moment où nos deux compatriotes Niepce et Daguerre s'en occupèrent.

Niepce (Joseph-Nicéphore, né à Châlon-sur-Saône en 1765, mort en 1833), après avoir été administrateur des Alpes-Maritimes, de 1791 à 1801, se retira près du lieu de sa naissance pour s'occuper de sciences physiques, et surtout des phénomènes de la lumière.

De 1814 à 1829, il chercha les moyens de fixer

les images données par la chambre noire en recevant ces images sur des surfaces attaquables par les
rayons lumineux. Son procédé, auquel il donna le
nom de *héliographie*, consistait dans les opérations
suivantes :

Il couvrait, au moyen d'un tampon, une feuille
plaquée d'argent, avec un vernis formé par la dissolution du bitume de Judée dans de l'huile de
lavande. Ce vernis blanc, sous l'action de la lumière, éprouve une modification qui n'est pas
encore expliquée : il devient insoluble. Niepce plaçait dans la chambre noire des plaques ainsi recouvertes, et les lavait ensuite dans de l'huile de
lavande et du pétrole ; les parties frappées par la
lumière restaient sur la plaque, tandis que celles
qui n'avaient pas reçu de rayons lumineux se dis-
solvaient. Il eut ainsi des images dans lesquelles
les parties éclairées étaient représentées par le
vernis blanchâtre plus ou moins enlevé, et les
ombres par le métal des plaques mis à nu. Mais
la différence entre les ombres et les clairs n'était
pas assez grande, et il fallait dix à douze minutes
d'exposition dans la chambre noire.

Dans de telles conditions, il était impossible de
faire des portraits, parce que l'on ne pouvait obtenir
l'immobilité de la personne qui posait pendant un
temps aussi long. Pour remédier au premier de ces

inconvénients, Niepce noircissait les parties nues du métal en les attaquant par le sulfate de potasse, et même par l'iode. Quant au temps de l'exposition dans la chambre noire, il ne put le diminuer.

Daguerre (Louis-Joseph-Maude, né à Corneilles, près Paris, en 1787, et mort en 1851), employé des contributions indirectes, quitta l'administration pour s'occuper de peinture, vers laquelle tous ses goûts le portaient. Il entra dans l'atelier de Digotti, décorateur de l'Opéra, et fut le premier à ajouter les effets de lumière à ceux donnés par les couleurs. Il imagina et créa le Diorama, qui attira la foule, jusqu'au moment où il fut détruit par un incendie, en 1836. On y voyait des tableaux merveilleux, dans lesquels la combinaison de la peinture, de la lumière et des premiers plans réels produisait des illusions fantastiques. C'est au milieu de ces brillants succès que Daguerre chercha à fixer les images données par la chambre noire. Vers 1826, il eut connaissance des travaux de Niepce et se mit en rapport avec lui. Ses premières demandes furent accueillies avec beaucoup de froideur par Niepce, ce qui ferait croire que Daguerre apportait peu de son côté pour la réussite de l'œuvre commune. Enfin, le 14 décembre 1829, ces deux hommes d'élite s'associèrent. Daguerre commença par s'identifier avec les procédés de Niepce et entreprit de les perfectionner. Dès ce moment, il fut complétement absorbé par ses recherches ; enfermé seul dans son atelier, il rompit avec tout le monde, au point que ses parents et ses amis craignirent pour sa raison. Il montrait une défiance excessive à tous ceux auxquels il devait s'adresser, surtout aux marchands ; il semblait avoir peur que l'on découvrît le but de ses recherches.

Daguerre commença par substituer au bitume de Judée, employé par Niepce, le résidu de la distillation de l'huile de lavande ; ce résidu, dissous dans l'alcool ou l'éther, laissait sur les plaques, après l'évaporation du dissolvant, un enduit pulvérulent uniforme, beaucoup plus sensible à la lumière que le bitume de Judée. Il remplaça aussi le lavage dans l'huile de lavande et le pétrole par l'exposition de la plaque aux vapeurs d'une huile essentielle, à la température ordinaire. Ces vapeurs laissaient blanches les parties de l'enduit pulvérulent qui avaient été sous l'action d'une vive lumière, pénétraient partiellement et plus ou moins celles qui correspondaient aux demi-teintes, et pénétraienent complétemt celles restées dans l'ombre ; de sorte que le métal de la plaque ne se montrait à nu dans aucun endroit. Les clairs étaient formés par une multitude de particules blanches et mates ; les demi-teintes, par une même quantité de particules, plus ou moins blanches et plus ou moins mates, suivant qu'elles avaient été plus ou moins pénétrées par les vapeurs de l'huile ; et les ombres, par des particules, toujours aussi nombreuses, devenues entièrement diaphanes. La science n'a pas encore expliqué, d'une manière satisfaisante, les modifications et les changements que les résidus de la distillation de l'huile de lavande éprouvent sous l'influence des vapeurs de l'huile essentielle. Ce qu'il y a de certain, c'est que ces modifications s'affaiblissent et disparaissent complétement avec le temps, même dans la plus complète obcurité. Quoi qu'il en soit, cette méthode, appelée *méthode Niepce perfectionnée*, donnait aux épreuves plus d'éclat, en produisant plus de différence entre les clairs et les ombres, et une plus grande variété dans les demi-teintes.

Certes, un grand pas était fait, le procédé primitif de Niepce était considérablement perfectionné, mais il était encore bien imparfait. Pendant bien longtemps, Daguerre poursuivit ses recherches sans faire un pas en avant, quand une observation qu'il fit le conduisit tout à coup au but tant cherché. Une cuiller, oubliée sur une plaque d'argent, y laissa son image ; dès ce moment, Daguerre abandonna les enduits bitumeux pour l'iodure d'argent, substance bien plus sensible à la lumière et d'un emploi beaucoup plus facile. Mais, en quittant la chambre noire, la plaque iodurée ne présentait aucune trace d'image ; comment la faire sortir de l'état latent où elle se trouvait? Combien il fallu de tâtonnements, d'essais de toute sorte, pour découvrir que les vapeurs de mercure s'attachent seulement sur les parties de l'iodure d'argent qui ont été touchées par la lumière, et qu'elles s'y attachent d'autant plus que l'action de la lumière a été plus vive! C'est là le point capital de la découverte de Daguerre.

Niepce était mort en 1833, sans voir la réalisation de tous ses vœux. L'association continua entre Daguerre et le fils de Niepce, et, lorsque l'État voulut recompenser les auteurs d'une si grande découverte, tout en la mettant dans le domaine public, il accorda une pension viagère de 6,000 fr. à Daguerre, et une de 4,000 au fils de Niepce. Daguerre mourut dans la retraite qu'il avait choisie à Ivry-sur-Seine, le 12 juillet 1851.

Daguerréotype. — Tel est le nom donné par la voix publique à la découverte de Daguerre.

Les épreuves daguerriennes s'obtiennent sur des feuilles de cuivre plaquées avec une mince couche d'argent; l'épaisseur des deux réunies ne dépasse pas celle d'une carte à jouer.

Quoique vous ayez pu juger déjà combien il a fallu de travail et de persistance pour arriver au résultat tant poursuivi, la description des diverses opérations nécessaires pour faire une épreuve complétera vos idées à cet égard.

Ces opérations, que je résume d'après Daguerre lui-même, sont au nombre de cinq :

1° Nettoyer et polir la partie argentée de la plaque, de manière qu'elle puisse recevoir la couche sensible, sur laquelle l'image, donnée par la chambre noire, sera reçue;

2° Rendre le dessus de l'argent sensible à la lumière ;

3° Exposer la plaque sensibilisée dans la chambre noire, pour y recevoir l'image que l'on veut fixer;

4° Faire apparaître l'image, qui n'est jamais visible en sortant de la chambre noire;

5° Changer la nature du dessin de la feuille d'argent, pour qu'elle ne reste pas sensible à l'action de la lumière, et fixer l'image.

1° *Nettoyer et polir la plaque.* — Polir avec de la pierre ponce broyée très-fin et un peu d'huile d'olive. Quand elle est bien polie, la dégraisser en la frottant avec un tampon de coton et de la pierre ponce sèche; terminer en frottant bien également la plaque avec un petit tampon imbibé d'acide nitrique étendu d'eau (1 volume d'acide contre

16 d'eau distillée). Il faut que la plaque soit comme recouverte d'un voile posé sur toute sa surface. Enfin, la frotter légèrement avec du coton propre et de la poudre de pierre ponce.

Soumettre alors la plaque à une forte chaleur en la plaçant sur un support, et promenant dessous la flamme d'une lampe à esprit-de-vin. Il faut qu'il se forme à la surface de l'argent une légère couche blanchâtre. Dès qu'elle est refroidie, la frotter pour enlever cette couche blanchâtre ; lorsque l'argent est bien bruni, passer un tampon imbibé d'eau acidulée.

2° Rendre le dessus de l'argent sensible à la lumière. — Pour cette opération, on emploie une planchette AB (fig. 17.) sur laquelle se fixe la

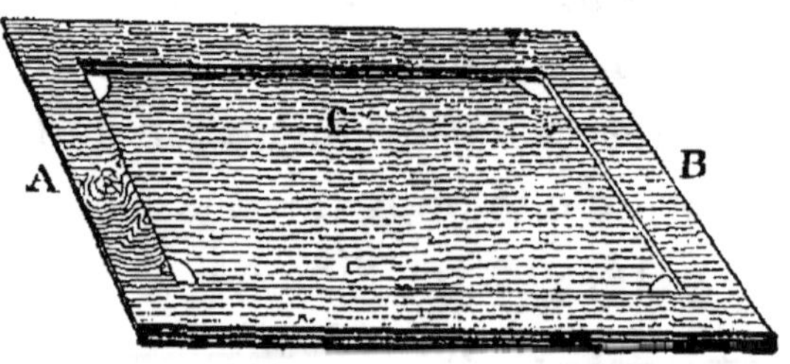

Fig. 17.

plaque daguerrienne C, et une boîte disposée comme l'indique la fig. 18. ABCD est le corps de la boîte, DE le couvercle. Au fond est une capsule G, destinée à recevoir de l'iode divisé. Cette capsule porte un couvercle en gaze, dont le but est de diviser les vapeurs d'iode. Il est un couvercle intérieur destiné à concentrer les vapeurs ; on le retire quand

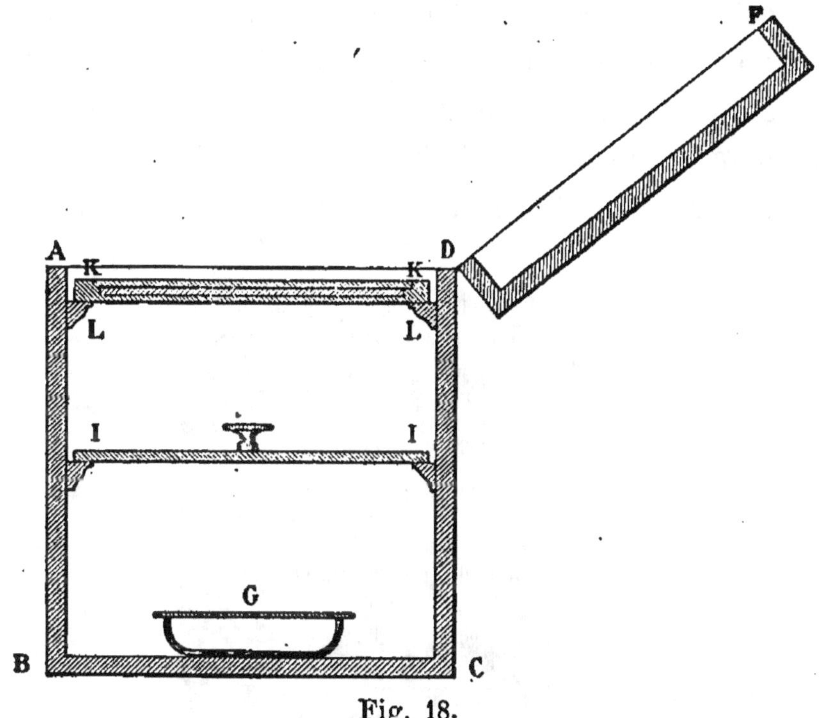

Fig. 18.

commence l'opération. LL sont des tasseaux sur lesquels on pose la planchette KK qui porte la plaque.

Mettre de l'iode dans la capsule, couvrir cette dernière avec la gaze, mettre le couvercle II en place. Au bout de quelques instants, enlever ce couvercle, placer la planchette KK la plaque en dessous et fermer la boîte. Opérer dans une chambre privée de lumière, tout au plus éclairée par la

flamme d'une bougie. Les vapeurs d'iode colorent
la surface de l'argent ; la couleur la plus convenable
est le jaune d'or. Ouvrir de temps en temps la
boîte, retourner vivement la planchette et voir sa
couleur. La plaque arrivée à la teinte indiquée, la
placer toujours à l'abri de la lumière, dans un
châssis ABCD (fig. 19), formant comme une boîte

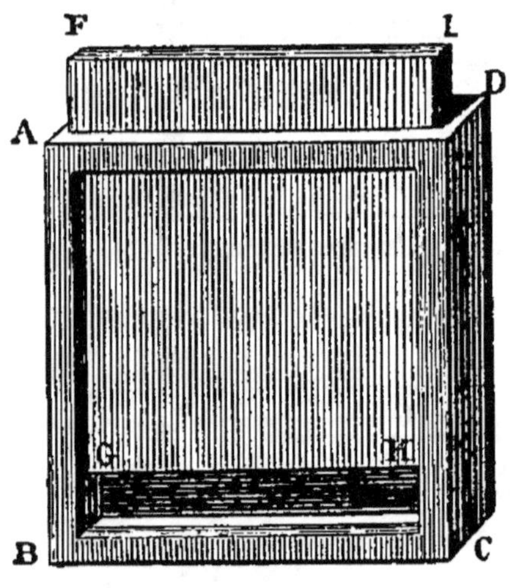

Fig. °19

très-plate, fermée par un dessus FGHI à coulisse,
qui permet de l'emporter dehors, de la placer dans
la chambre noire et de la découvrir, sans qu'elle
soit exposée à la lumière extérieure.

3° *Exposer la plaque dans la chambre noire.* —
Je vous ai déjà dit quelques mots sur la chambre
noire qui sert pour la photographie ; je vais ajouter des détails indispensables. ABCD (fig. 20) est

la partie qui porte l'objectif; EFGH est la seconde
partie qui entre dans la première, et qui est fermée
par un châssis à coulisse portant un verre dépoli.

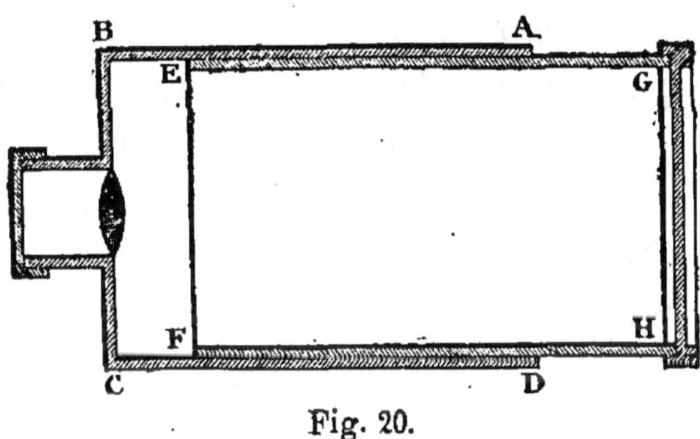

Fig. 20.

Placer la chambre noire devant la vue que l'on
veut prendre; en poussant ou en tirant la partie
qui porte la glace dépolie, et en s'abritant derrière
un voile noir, mettre bien l'instrument au point nécessaire pour que l'image se peigne sur la glace
avec toute la netteté possible. Ce résultat obtenu,
fermer le tube de l'objectif, remplacer le châssis
qui porte la glace dépolie par celui qui contient la
plaque, enlever le couvercle placé devant la plaque
et démasquer l'objectif.

L'expérience seule indique le temps de l'exposition, qui varie de deux minutes à six, suivant la
saison ou la quantité de lumière que donne le
soleil. Quand on juge que l'opération est terminée,
fermer le tube de l'objectif, remettre le couvercle à

coulisse sur la plaque et enlever son châssis pour remettre celui du verre dépoli. Porter le châssis de la plaque dans le cabinet obscur pour faire apparaître l'image.

4° *Faire apparaître l'image.* — Cette opération, que l'on aurait regardée comme magique autrefois, s'exécute dans l'appareil représenté par la figure 21.

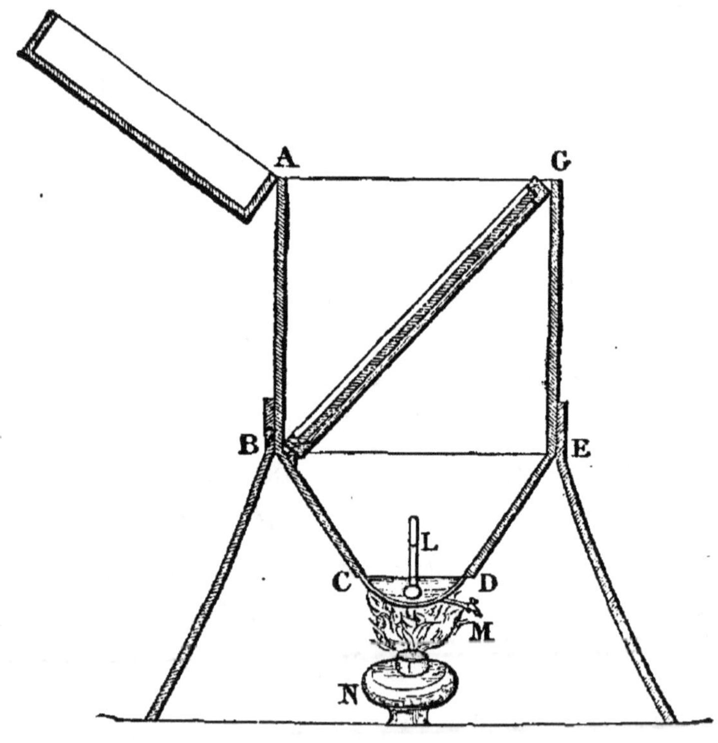

Fig. 21.

ABCDEG est une boîte dont le fond, en entonnoir, se termine par une capsule en fer, destinée à recevoir du mercure; AH est le couvercle;

cette boîte est portée par quatre pieds. La face EG
reçoit une petite glace qui permet de voir dans l'intérieur; L est un thermomètre dont la boule doit
plonger dans le mercure ; M, robinet qui permet
de retirer le mercure de l'appareil; N, lampe à
esprit-de-vin. La partie supérieure est disposée
pour recevoir le châssis BG, qui porte la plaque,
dans la position indiquée, c'est-à-dire inclinée à
45 degrés. Tout le dedans est peint en noir. Verser
le mercure dans la caisse, placer le châssis qui
porte la plaque, retirer le couvercle à coulisse qui
masque la plaque, fermer la boîte et allumer la
lampe.

Les vapeurs du mercure montent le long de la
plaque et s'attachent à toutes les parties qui ont
été frappées par la lumière, laissant intactes celles
restées dans l'ombre. En suivant la marche de
l'opération par le verre EG, on voit comme une
couleur blanche se distribuer sur toutes les parties éclaircies, ici plus, là moins, pour former les
demi-teintes. Quand le thermomètre marque 60°,
éteindre la lumière et attendre, pour remettre le
couvercle à coulisse et retirer le châssis, qu'il soit
descendu à 45°. Porter le châssis dans le cabinet
obscur pour fixer l'image.

5° *Fixer l'image.*— On fixe l'image en trempant
la plaque et en l'agitant dans un bain saturé de sel

marin, ou dans une solution d'hyposulfite de soude, puis la lavant dans de l'eau chaude. Ce lavage exige beaucoup de précautions ; mais, après, l'image peut être vue à la lumière sans crainte qu'elle soit altérée. Cependant, il faut la soustraire à tout frottement qui enlèverait le mercure. Pour cela, on la met immédiatement sous verre, en collant les bords pour empêcher la poussière de pénétrer.

Progrès de la découverte de Daguerre. — Cette admirable découverte, dont je viens de vous décrire l'enfance, a fait des pas considérables depuis son apparition. Ces immenses progrès, réalisés en si peu de temps, sont dus à tous les chercheurs infatigables, qui ont pu employer les procédés de Daguerre sans être arrêtés par un brevet d'invention, que l'État avait acheté.

Tout le matériel inventé par Daguerre était bien compliqué et bien lourd ; il fallait le simplifier et l'alléger de manière à pouvoir le transporter facilement pour prendre des vues au dehors. Notre habile opticien, Ch. Chevalier, tout en perfectionnant l'objectif de la chambre noire, rendit cette dernière assez légère pour qu'elle pût facilement être portée sous le bras.

On substitua, pour polir les plaques, le tripoli,

la terre pourrie, le rouge d'Angleterre, à la pierre ponce. On exposa la plaque iodée au chlorure d'iode au bromure d'iode ou au brôme, qui donnèrent une sensibilité excessive à la plaque, et qu'on appela, pour cette raison, des *substances accélératrices*. En quelques secondes, on put obtenir des épreuves qui demandaient des minutes, quelquefois un quart d'heure ou une demi-heure d'exposition. On vit alors des plaques daguerriennes représentant des hommes, des chevaux en mouvement, des oiseaux fendant l'air, des flots se brisant sur la plage, des nuages emportés par le vent.

M. Ed. Becquerel découvrit qu'en exposant, pendant une seconde seulement, un papier sensibilisé dans la chambre noire, et en le plaçant ensuite au soleil, mais sous un verre rouge ou jaune qu'il appela des *verres continuateurs*, on obtenait une image visible sans les secours des vapeurs mercurielles. M. Gaudin appliqua ce procédé aux plaques daguerriennes et obtint de bons résultats.

M. de Brebisson, en ajoutant de l'alcool à la solution d'hyposulfite de soude, enleva mieux et plus promptement l'iodure d'argent soluble qui recouvre l'argent après l'exposition dans la chambre noire, et il compléta le lavage avec de l'eau distillée, qui enleva la solution saline.

M. Fizeau parvint à donner la vigueur des tons,

surtout la solidité, aux épreuves daguerriennes au
moyen d'une dissolution de chlorure d'or. Dès
lors, il ne fut plus indispensable de mettre les
épreuves sous verre, et on put les toucher sans
les effacer. La dissolution de M. Fizeau se composait, par le fait, du mélange des deux dissolutions
suivantes : cyanure de chlorure d'or dans un
demi-litre d'eau distillée, et trois grammes d'hyposulfite de soude dans un demi-litre d'eau distillée. Après le lavage dans le bain d'hyposulfite,
on place la plaque sur un châssis en fil de fer, on
verse dessus une quantité de dissolution de sel d'or
suffisante pour couvrir toute la plaque, et on chauffe
cette dernière fortement en dessous avec une lampe
à esprit-de-vin. Au bout d'une ou deux minutes,
on voit l'image prendre une grande vigueur ;
alors on fait écouler le liquide restant sur la
plaque, on lave cette dernière et on fait sécher.

Photographie. — Beaucoup de recherches étaient
faites de tous côtés pour substituer le papier aux
plaques daguerriennes ; on sentait que, dans cette
voie seulement, il y avait un avenir immense : facilité et sécurité du transport, simplicité des opérations sur le terrain, tout se trouvait réuni. M. Talbot, en Angleterre, fut le premier qui trouva des
matières assez impressionnables pour reproduire,

sur le papier, les images si délicates données par la chambre noire; c'est lui aussi qui, le premier, parvint à les fixer et à les rendre inaltérables. Il paraît que les travaux de l'illustre Anglais avaient lieu en même temps que ceux de Niepce et de Daguerre; mais il arriva longtemps après ces derniers.

C'est ici véritablement que cesse le daguerréotype et que commence la photographie, nom plus général qui désigne mieux ce nouvel art.

Bien des procédés ont été proposés en France et en Angleterre; je vais vous parler de celui de M. Talbot, point de départ de celui de M. Le Gray, qui est le perfectionnement de tous les autres.

Papier de M. Talbot. — 1° Choisir un papier d'une belle pâte, égale et homogène; marquer au crayon l'un des angles, pour indiquer le côté que l'on va sensibiliser et le reconnaître plus tard; passer sur la feuille de papier un pinceau bien doux trempé dans la dissolution suivante :

> 6 grammes et demi de nitrate d'argent,
> 186 grammes d'eau distillée.

Le retirer et le faire sécher pour le tremper dans cette autre dissolution :

> 1 partie d'iodure de potassium,
> 16 parties d'eau.

Enfin, le plonger dans un vase plein d'eau, le faire sécher à l'abri de la lumière et le renfermer dans un portefeuille.

2° Quand on veut se servir de ce papier, passer préalablement dessus, avec un pinceau propre, le mélange des deux dissolutions suivantes :

<table>
<tr><td>6 grammes et demi de nitrate d'argent,
62 grammes d'eau distillée.</td><td>Eau distillée saturée d'acide gallique cristallisé.</td></tr>
</table>

Ce qui donne un gallo-nitrate d'argent.

Le laisser s'imbiber pendant environ une demi-minute, le plonger dans l'eau et le sécher entre des feuilles de papier buvard. Dès lors, ce papier, nommé *papier calotype*, peut être exposé dans la chambre noire.

3° Le temps d'exposition dans la chambre noire dépend de bien des circonstances que l'expérience seule peut faire apprécier. En sortant de la chambre noire, le papier calotype, comme la plaque daguerrienne, ne laisse voir aucune image. Pour la faire paraître ou la *développer*, laver la feuille dans le gallo-nitrate d'argent précédent, et l'exposer pendant une ou deux minutes devant un feu doux.

4° Pour fixer l'image, la plonger d'abord dans l'eau, puis dans la dissolution suivante :

$6^g,5$ bromure de potassium,
310 grammes d'eau.

La laver de nouveau dans de l'eau et la faire sécher.

Epreuves négatives, épreuves positives. — Dans l'image ainsi obtenue, les parties claires des objets sont représentées par des noirs, et les parties sombres par des blancs : c'est ce qu'on nomme une épreuve négative.

En plaçant une nouvelle feuille calotype sous cette image négative et exposant le tout à la lumière, cette nouvelle feuille reçoit une image, contraire à la première, c'est-à-dire dans laquelle les parties claires des objets sont représentées par des blancs, et les parties sombres par des noirs. C'est ce qu'on nomme une épreuve positive.

On doit encore à M. Talbot un papier particulier pour les épreuves positives. Il se prépare de la manière suivante :

Faire tremper le papier dans la dissolution suivante :

$1^g,625$ sel commun,
31 grammes d'eau distillée.

Le sécher avec le papier buvard; passer, avec un pinceau, une première couche de la dissolution suivante :

6 grammes de nitrate d'argent,
31 grammes d'eau distillée.

8

Faire sécher. Si l'on veut avoir plus de sensibilité, passer une autre couche et faire sécher.

Papier ciré de M. Legray. — La grande innovation introduite par L. Legray est le cirage du papier négatif; il est plus ferme et plus résistant que le papier de M. Talbot; il se conserve tout prêt à être mis dans la chambre noire pendant plus de huit jours; il peut attendre autant de temps pour le développement de l'image, et enfin il donne des noirs très-intenses et des demi-teintes très-harmonieuses.

Cirage du papier. — Faire fondre de la cire vierge dans un bassin plat en doublé d'argent; appliquer la feuille sur la surface de la cire fondue en la laissant tomber par son propre poids; mettre cette feuille entre deux papiers buvards et passer par-dessus un fer légèrement chaud, pour enlever toute la cire en excès.

Il faut choisir avec soin le papier, qui doit être peu épais et d'un grain homogène; les premières qualités des papiers d'Annonay et d'Angoulême sont excellentes.

Préparation du papier ciré. — 1° Faire crever dans 3 litres d'eau distillée 200 grammes de riz, ajouter à cette eau 20 grammes de colle de poisson et filtrer.

Dans ce liquide, faire dissoudre :

    45^g,00 sucre de lait,
    15^g,00 iodure de potassium,
     0^g,80 cyanure de potassium,
     0^g,50 fluorure de patassium,

et filtrer à travers un linge fin. On peut conserver ce liquide longtemps. Pour s'en servir, le verser dans une cuvette plate en porcelaine ou en gutta-percha ; y plonger les feuilles de papier ciré que l'on veut préparer, en prenant grand soin qu'il ne reste pas de bulles d'air entre elles. Les laisser tremper environ une demi-heure et les retourner toutes ensemble, de manière à mettre en dessus la première plongée, et les retirer une à une. Tel est le papier ioduré de M. Legray.

2° Dans une bouteille bouchée à l'émeri, contenant 300 grammes d'eau distillée, faire dissoudre 20 grammes d'azotate d'argent ; ajouter ensuite 24 grammes d'acide acétique cristallisable, et enfin 8 grammes de noir animal, destiné à décolorer la dissolution. Agiter et laisser reposer une demi-heure, temps nécessaire pour que le noir animal tombe au fond. Au moment de sensibiliser le papier ioduré, filtrer la partie la plus claire du flacon, en laissant au fond le noir animal, qui sert jusqu'à l'épuisement de la liqueur. Cet acéto-azotate d'argent ne peut servir que pour préparer vingt feuilles de 25 centimètres sur 35; autant de feuilles que de grammes d'azotate d'argent.

Il faut deux cuvettes en porcelaine bien nettoyées.

Dans la première, versez 1 ou 2 centimètres d'épaisseur d'acéto-azotate d'argent.

Dans la seconde, versez de l'eau distillée.

Déposez sur le bain d'acéto-azotate d'argent une feuille iodurée, en chassant avec soin les bulles d'air qui peuvent se trouver dessous; enfoncez-la dans le liquide avec un pinceau propre qui ne contienne aucune partie métallique. Au bout de quatre à cinq minutes, retirez la feuille et plongez-la dans l'eau distillée. On peut préparer ainsi, l'une après l'autre, une dizaine de feuilles sans filtrer l'acéto-azotate d'argent; mais il faut changer plusieurs fois l'eau distillée, si le papier doit être conservé longtemps sans servir.

3° Ordinairement, la feuille de papier se place dans le châssis à coulisses, qui s'adapte à la chambre noire, entre deux glaces minces. Après l'exposition, on développe l'image dans l'acide gallique. Le bain se compose d'un demi-litre d'eau, plus ou moins, suivant la grandeur de l'image, et de 50 centigrammes d'acide gallique. On suit le développement et on retire l'image quand elle a acquis toute la vigueur que l'on désire. Ce bain d'acide gallique ne sert que pour une épreuve.

4° Pour fixer l'image, la plonger et la retourner plusieurs fois dans une dissolution de 100 grammes d'hyposulfite de soude et de 100 grammes d'eau distillée. L'hyposulfite s'empare de l'argent, sans attaquer le gallate d'argent qui forme les noirs. L'épreuve perd sa teinte jaune et devient plus transparente, mais granuleuse. On ne prépare qu'une épreuve à la fois, mais le bain d'hyposulfite de soude peut servir plusieurs fois.

Quand toutes les parties de l'épreuve sont parfaitement blanches, on la lave à plusieurs eaux, on la laisse tremper une ou deux heures dans la dernière, et on la sèche entre des feuilles de papier buvard.

5° Pour faire disparaître le grenu que l'épreuve présente en sortant de l'eau, on expose la feuille à une chaleur suffisante pour faire fondre la cire qui couvre le papier.

Papier positif de M. Legray. — Coupez aux dimensions voulues du papier un peu épais (celui des frères Canson est très-bon).

Préparez deux cuvettes, l'une contenant 4 ou 5 millimètres en hauteur de la dissolution suivante :

   5 grammes hydrochlorate d'ammoniaque,
  100 grammes eau distillée ;

l'autre contenant la même hauteur de la dissolution d'argent qui suit :

15 grammes azotate d'argent fondu blanc,
100 grammes eau distillée.

Marquez d'une croix l'envers du papier; c'est celui qui a porté sur la toile métallique qui garnit la forme, ou sur celle sans fin de la machine. En exposant le papier à un jour frisant, on voit les traces des fils métalliques.

Placez l'endroit du papier sur le bain de chlorure, de telle sorte qu'il ne passe pas de liquide en dessus, c'est-à-dire sur l'envers; après deux à quatre minutes, retirez-le et séchez-le entre deux feuilles de papier buvard rose, qui a l'avantage de laisser voir plus facilement les petits morceaux qui peuvent rester attachés au papier.

Préparez ainsi trois feuilles; prenez alors la première préparée et frottez-la du côté salé, avec un gros pinceau en blaireau un peu dur, pour enlever toutes les impuretés qui pourraient s'y trouver. Mettez cette feuille sur l'azotate d'argent, du côté salé seulement, et l'y laissez le temps de préparer une autre feuille sur le sel.

Si l'on veut avoir des tons rouges, laisser la feuille peu de temps sur l'azotate d'argent; si l'on veut avoir des tons noirs, la laisser plus de temps.

Egouttez les feuilles et laissez-les sécher pendues par un des angles.

Toutes ces manipulations se font dans une chambre éclairée seulement par une bougie.

Préparez la veille le papier destiné aux travaux du lendemain, car, s'il n'était pas parfaitement sec, il pourrait tacher le négatif; d'un autre côté, ne le préparez pas plus de huit jours à l'avance, parce qu'il noircit, même dans l'obscurité.

Tirage des épreuves positives. — On emploie pour cette opération une espèce de presse, formée par deux glaces épaisses, entre lesquelles se placent le négatif ou *cliché* et le papier positif. Placez ce dernier sur l'une des glaces, l'endroit en dessus ; par-dessus, mettez le négatif l'image en dessous en laissant déborder le papier positif. Placez la seconde glace et serrez les deux glaces l'une contre l'autre pour effacer les plis ; enfin, exposez le tout au soleil, le négatif en dessus. La partie du positif qui déborde le cliché permet de suivre le développement de l'image positive. L'expérience indique le ton le plus convenable à obtenir, mais il faut développer l'image de telle sorte qu'elle ait une plus grande vigueur que celle que l'on désire, parce que les opérations suivantes l'affaiblissent beaucoup.

Pour développer et fixer l'image positive obtenue, plongez l'épreuve dans le bain suivant, où elle doit rester environ une heure :

600 grammes d'eau distillée,
100 grammes d'yposulfite de soude,

auxquels on ajoute du chlorure d'argent obtenu de la manière suivante :

Dans un flacon, contenant environ deux verres d'eau filtrée, faire dissoudre 18 grammes d'azotate d'argent et ajouter une dissolution de chlorure de sodium, jusqu'à ce qu'il ne se forme plus de précipité blanc; décanter le liquide et étendre le précipité dans une capsule pour le faire bien sécher et noircir au soleil.

Au bout d'une heure dans ce bain, les parties sombres de l'épreuve deviennent d'un beau noir; au delà de ce temps, l'épreuve devient couleur de sépia, puis jaunâtre.

Quand l'épreuve est au ton convenable, on la lave dans plusieurs eaux, on la laisse plusieurs heures dans la dernière et on la sèche avec du papier buvard.

PHOTOGRAPHIE SUR VERRE. — On doit à M. Niepce de Saint-Victor l'emploi de l'albumine sur le verre; la substitution du verre au papier a permis d'obtenir des épreuves négatives ayant toute la netteté des épreuves daguerriennes. Depuis, on a remplacé l'albumine par une couche de collodion.

Il y a une grande différence entre la sensibilité

de ces deux matières : l'albumine est de beaucoup inférieure au collodion sous ce rapport ; mais elle pouvait se préparer d'avance, tandis que le collodion devait être préparé au moment d'opérer. Aussi employa-t-on l'albumine pour les vues, et le collodion pour les portraits.

Préparation de l'albumine et son emploi. — L'albumine se trouve dans un grand nombre de liquides animaux ; elle est en grande proportion dans le sang, et elle constitue presque entièrement le blanc des œufs. La chaleur coagule le blanc d'œuf ; l'alcool et le tannin lui font aussi perdre sa transparence et le rendent opaque.

Pour préparer l'albumine qui sert en photographie à recouvrir les plaques de verre, on prend les blancs d'œufs auxquels on ajoute 10 grammes d'iodure de potassium ou d'iodure d'ammoniaque, on bat le mélange en neige avec une fourchette de bois, on laisse reposer une nuit, et l'on décante l'albumine claire qui s'est rassemblée sous la mousse du dessus. C'est cette liqueur qui sert pour la préparation des glaces.

La préparation de l'albumine pour le papier, — car on l'emploie aussi pour ce dernier, — est un peu différente. On en fait usage quand on veut obtenir une très-grande finesse dans l'épreuve négative :

mais alors on ne peut faire de retouches. L'albumine donne au papier du brillant et retient à sa surface les préparations sensibles. Pour l'obtenir, on mélange :

> 10 centimètres cubes blanc d'œuf,
> 85 grammes eau distillée,
> 30 grammes hydrochlorate d'ammoniaque.

Albuminage des glaces. — Bien laver la glace à l'eau et la sécher complétement avec du papier de soie ; la poser alors sur du papier blanc et passer dessus un tampon de coton sans la toucher avec les doigts : appliquer une couche très-mince mais très-unie d'albumine ; retourner la glace sens dessus dessous et la laisser sécher à l'abri de la lumière.

SENSIBILISER L'ALBUMINE DE LA GLACE. — Plonger la glace d'un seul coup dans une cuve verticale en gutta-percha, contenant le bain suivant :

> 300 grammes eau distillée,
> 24 grammes azotate d'argent,
> 30 grammes acide acétique.

La laisser deux ou trois minutes dans ce bain et la faire sécher dans l'obscurité. On peut la conserver ainsi deux ou trois jours avant de s'en servir.

EXPOSITION DANS LA CHAMBRE NOIRE. — Rien de particulier ; seulement, l'exposition doit durer plus de temps que pour le papier ciré.

Développement de l'image. — Le développement de l'image s'obtient en plongeant la glace dans un bain d'acide gallique, ou dans un bain saturé de protosulfate de fer.

Fixage de l'épreuve. — Comme pour l'image négative sur papier ciré.

Albuminage du papier. — Étendre doucement et d'un mouvement continu la feuille de papier à la surface de l'albumine, en ayant soin de ne pas laisser de bulles d'air, qui donneraient des taches; après trente secondes environ, retirer la feuille de papier et la mettre à sécher dans un endroit chaud ; il faut que la dessiccation se fasse le plus tôt possible pour que l'albumine reste à la surface du papier. Comme les feuilles se roulent sur elles-mêmes, les placer dans un portefeuille pour les conserver.

Sensibiliser l'albumine du papier. — Poser la feuille de papier albuminé environ cinq minutes sur le bain d'argent, ainsi composé :

    75 grammes eau distillée,
    250 grammes alcool à 36°,
    200 grammes azotate d'argent cristallisé.

L'alcool fait coaguler l'albumine et la rend soluble. Retirer la feuille du bain avec soin, et la suspendre pour la laisser sécher dans l'obscurité.

Exposition dans la chambre noire. — Le temps

d'exposition est plus long pour le papier albuminé que pour le papier ciré.

L'image perd toujours de son intensité en passant dans l'hyposulfite; par suite, elle doit être tirée plus noire qu'on ne veut l'obtenir une fois développée ou *virée*.

Développement ou virage de l'image. — Sortir l'image du châssis, enlever les marges noires qui l'entourent, la plonger dans une première cuvette contenant de l'eau distillée et l'y laisser de cinq à dix minutes; la plonger dans une seconde cuvette contenant de l'eau ordinaire et l'y laisser le même temps. Enfin la plonger dans le bain suivant :

1,000 grammes d'eau distillée,

15 grammes d'une dissolution de 1 gramme chlorure d'or dans 1,000 grammes d'eau distillée,

300 grammes d'une dissolution de 30 grammes chlorure de chaux dans 1,000 grammes d'eau distillée.

Fixage de l'épreuve. — Sortir l'image quand elle a atteint le ton bleu violacé, et la plonger dans un bain d'hyposulfite de soude neuf à 50 pour 100; la laisser dix ou quinze minutes ; la laver dans des eaux plusieurs fois renouvelées, et enfin la sécher.

Préparation du collodion et de son emploi. — Le collodion est une dissolution de coton-poudre dans un mélange d'éther et d'alcool. Je ne vous donnerai pas la manière de faire du coton-poudre, il vaut beaucoup mieux vous le procurer bien préparé que de chercher à le faire vous-mêmes ; mais, souvenez-vous que cette matière est explosible et plus dangereuse que la poudre ordinaire. On le met, pendant le peu de temps qu'on ne l'emploie pas, dans un flacon à large ouverture et bien fermé. Il est important de le transformer le plus promptement possible en collodion, on est moins exposé à le voir se décomposer et surtout faire explosion.

Pour faire du collodion, mettre 3 grammes de coton-poudre à dissoudre dans 100 centimètres cubes d'éther sulfurique à 62°; agiter ce mélange pour faire fondre une partie du coton-poudre ; ajouter de l'alcool à 40°, mais peu à peu et le moins possible, jusqu'à ce que les fibres les moins épaisses soient toutes dissoutes ; laisser reposer ce collodion deux ou trois jours et le décanter.

Pour composer le *collodion photographique*, c'est-à-dire le collodion sensible à l'action de la lumière, il y a autant de recettes différentes que de photographes ; je me contenterai de vous en donner une.

On commence par faire la composition sensibilisatrice suivante :

7⁶,50 iodure de cadmium,
1⁶,25 bromure de cadmium,
0⁶,25 chlorure de cadmium,
100⁶,00 alcool à 40.

Pour composer le collodion photographique, mesurer avec une éprouvette graduée les volumes suivants :

100 centimètres cubes collodion épais,
100 centimètres cubes éther sulfurique à 62°,
20 à 25 centimètres cubes de la composition sensibilisatrice précédente.

Agiter le tout dans un flacon et le conserver dans l'obscurité. C'est en quelque sorte un papier liquide d'une extrême sensibilité; il est meilleur plusieurs jours après sa préparation.

Nettoyage des glaces. — Cette opération est une des plus importantes, car il faut être certain que les surfaces sur lesquelles on va opérer sont parfaitement propres, et qu'elles ne sont pour rien dans les insuccès que l'on peut éprouver.

Les glaces dont on se sert ont des dimensions déterminées, qui répondent au pouvoir optique des divers objectifs qu'on emploie le plus communément. Elles sont classées et dénommées de la manière suivante :

1/1 plaque entière...... . 0ᵐ,18 sur 0ᵐ,24
1/2 plaque demi......... 0ᵐ,13 sur 0ᵐ,18
1/3 plaque tiers......... 0ᵐ,12 sur 0ᵐ,16
1/4 plaque quart........ 0ᵐ,10 sur 0ᵐ,13

Et ainsi de suite jusqu'à plaque seizième.

Que les plaques soient neuves ou qu'elles aient servi, on commence par les laver avec un chiffon trempé dans la dissolution suivante :

> 100 centimètres cubes eau distillée,
> 10 grammes cyanure de potassium,
> 15 grammes carbonate de potasse.

On les plonge ensuite dans une première eau, et on les frotte soigneusement à la main ; on recommence la même opération dans une seconde eau et dans une troisième. Enfin, on les essuie complé-

Fig. 22.

tement avec un linge de coton fin et sans pluche. Ordinairement, quand elles sont nettoyées, on les

place dans des boîtes destinées à les recevoir
(fig. 22). Elles entrent dans des rainures parallèles qui les maintiennent écartées l'une de l'autre ;
il faut éviter de les frotter l'une contre l'autre, car
elles sont assez tendres pour se rayer, et, dès lors,
elles ne peuvent plus servir.

Quand on doit employer une des glaces lavées,
on la retire avec soin de la boîte en ne la touchant
que sur les bords, et on la fixe sur le *porte-glace*
disposé comme l'indique la figure 23. On passe

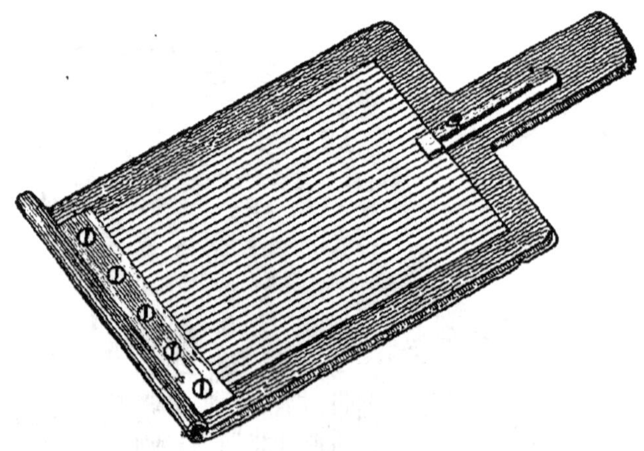

Fig. 23.

dessus un peu d'alcool qu'on essuie ensuite avec
un linge de coton usé, mais bien propre. Une glace
est dans de bonnes conditions pour servir quand
le nuage produit par l'haleine, envoyée sur sa
surface, disparaît également partout.

Étendre le collodion sur la glace. — Se placer à

l'abri de toute poussière. Tenir la glace par un

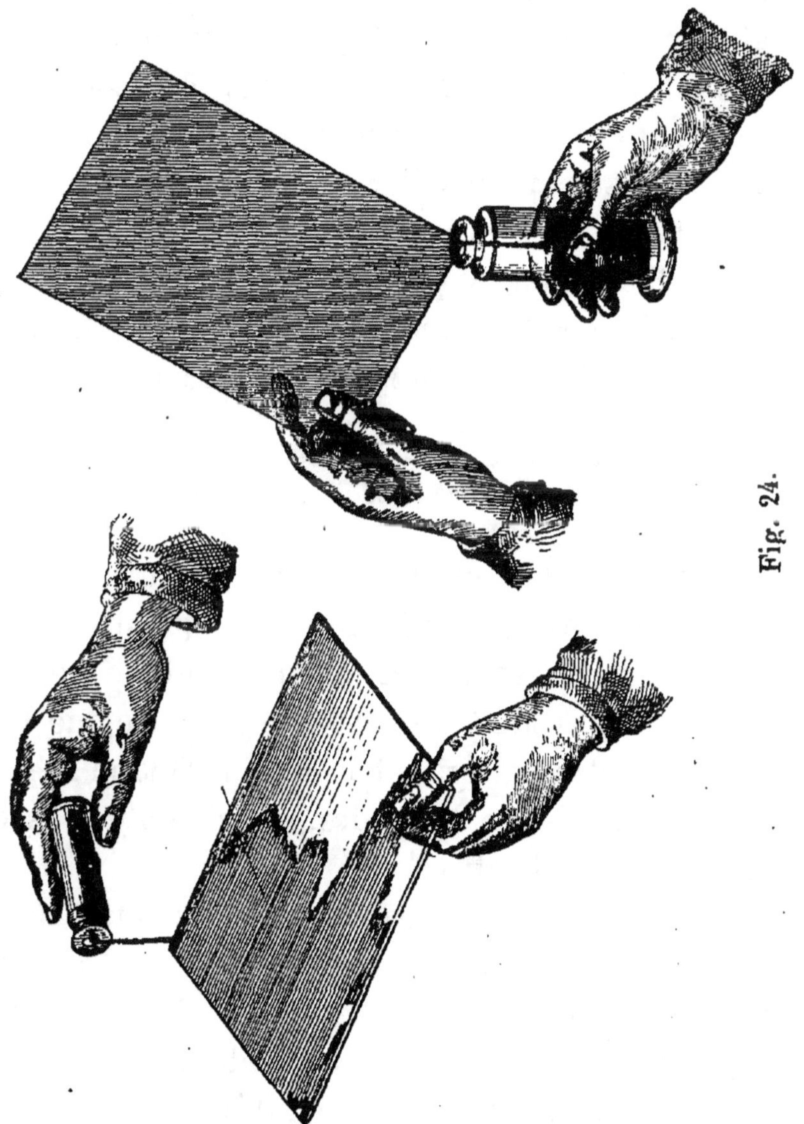

Fig. 24.

des angles (fig. 24), légèrement inclinée; avec l'autre main verser le collodion en commençant

par l'angle opposé à celui que l'on tient; le faire
couler sur la glace de manière qu'il ne fasse que
glisser sur toute la surface sans revenir sur lui-
même. Faire écouler le surplus du collodion,
comme l'indique la figure 24. Cette opération doit
être faite sans temps d'arrêt, mais aussi sans pré-
cipitation; il y a là un tour de main que l'on acquiert facilement et promptement.

Sensibiliser la couche de collodion. — Le bain
d'argent suivant est préparé d'avance :

> 100 grammes eau distillée,
> 10 grammes azotate d'argent cristallisé.

Quand l'azotate est dissous, verser dans le flacon
qui le contient, goutte à goutte, la liqueur sensibilisatrice indiquée au commencement de ce nu-
méro. Il se produit un précipité jaunâtre que l'on
fait dissoudre en agitant le flacon. Quand le précipité cesse de se dissoudre, on n'ajoute plus de
liqueur sensibilisatrice.

Avant de verser le bain dans la cuvette, on le
filtre. On laisse passer quelques secondes pour
affermir le collodion que l'on vient de verser sur
la glace; alors on plonge cette dernière dans le
bain d'argent et le collodion en dessus; il faut que
le liquide couvre en nappes et sans temps d'arrêt
la surface du collodion. L'opération est terminée

quand, soulevant la glace du fond de la cuvette avec un crochet d'argent, toute la surface du collodion est bien mouillée partout également, et que le liquide ne se retire plus par plaques comme sur une surface grasse. Alors on retire la glace du bain et on la laisse égoutter avant de la mettre dans le châssis à coulisses.

Ordinairement ce châssis, que la figure 24 représente de deux côtés, est fait pour recevoir des glaces de différentes grandeurs.

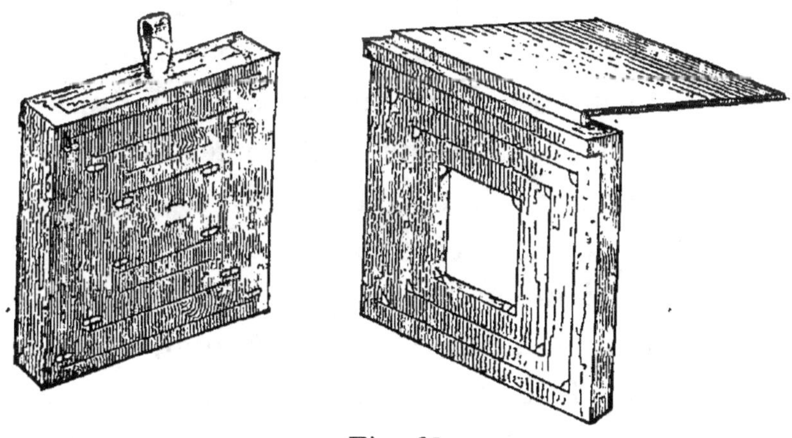

Fig. 25.

La partie de gauche de la figure 25 montre le côté du châssis par lequel on introduit les glaces; il y a une porte pour chaque grandeur, et la dernière, c'est-à-dire la plus petite, porte un ressort qui maintient la glace. La partie de droite montre la place occupée par les glaces; les angles

que l'on aperçoit sont en verre ou en ivoire, c'est
sur eux que les glaces appuient.

Chambre noire. — Je reviens encore sur la
chambre noire pour vous donner le dessin de celle
le plus communément employée dans les ateliers
ordinaires; elle est posée sur un pied, qui doit permettre différents mouvements, pour diriger l'objectif sur ce que l'on veut photographier.

La chambre noire (fig. 26) est posée sur la
tablette du pied; elle peut être avancée ou reculée
et saisie dans la position qu'on veut lui donner.
Elle se compose de plusieurs parties entrant l'une
dans l'autre, qui permettent de se servir d'objectifs différents, à long ou à court foyer. La glace
dépolie, qui se met derrière, porte des traits au
crayon, en diagonale et parallèles aux côtés du
châssis, donnant les dimensions et la position des
glaces de différentes grandeurs dont on peut se
servir avec la chambre noire. Un voile opaque permet de voir si l'image se dessine avec netteté sur
la glace dépolie, à la place qu'occupera la glace que
l'on doit employer.

De l'objectif. — Sa grandeur doit être en rapport
avec les dimensions de la chambre noire que l'on
possède; la longueur de son foyer doit être plus
petite, pour les objets à l'infini, que la longueur

totale de la chambre noire, tous les tiroirs tirés.

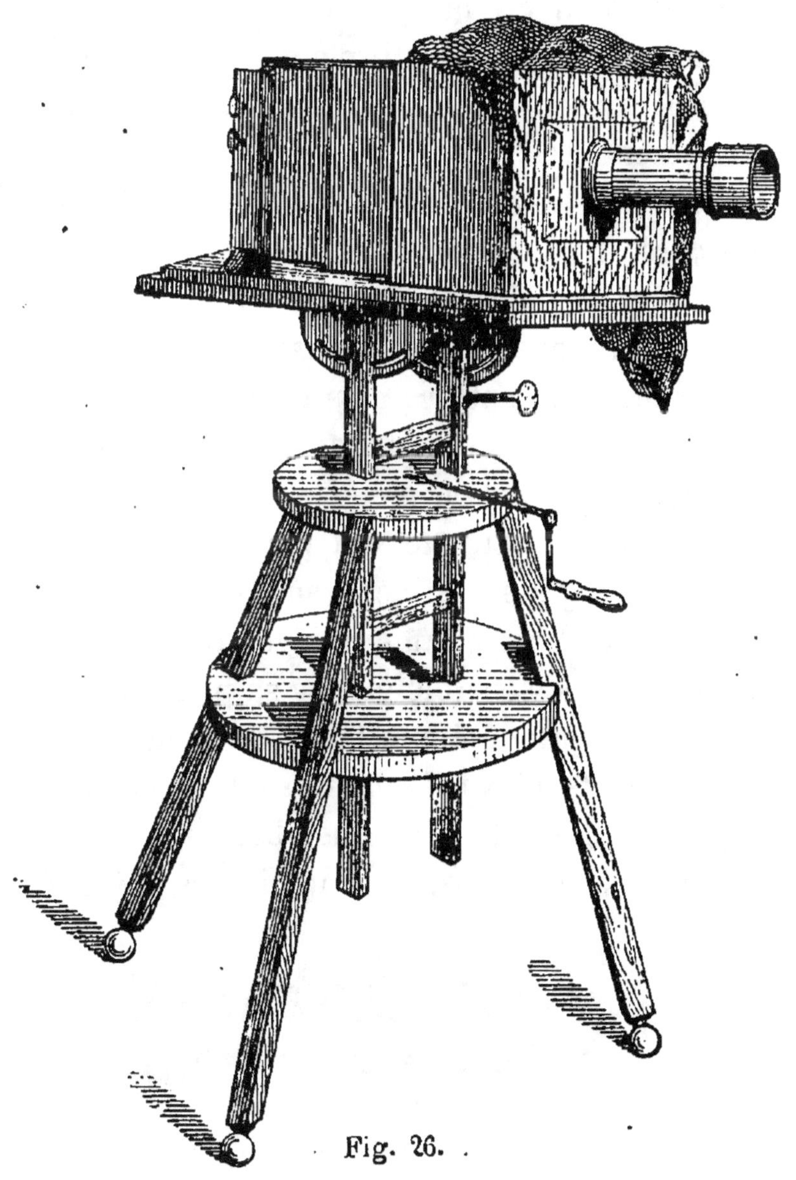

Fig. 26.

Un objectif peut donner des plaques plus petites

9.

que celle pour laquelle il est fait, avec moins de netteté toujours, mais il ne donnera jamais plus grand; ainsi, un objectif plaque 1/2 pourra donner des 1/3, des 1/4, des 1/5, mais jamais des plaques 1/1 ou entières.

Je vous ai dit quelques mots sur les rayons obscurs; ils ont sur la surface sensibilisée une bien plus grande action que les rayons lumineux. Or, ces rayons, appelés aussi *rayons chimiques*, traversent les lentilles comme les autres rayons, mais ne se réunissent pas au même foyer que ces derniers. Si l'on n'était pas arrivé à corriger ce défaut, tout en mettant parfaitement au point avec les rayons visibles, sur la glace dépolie, on n'obtiendrait qu'une image trouble, ou *flou*, sur la surface sensible mise à sa place. Il est donc de la plus grande importance de n'employer que des objectifs n'ayant qu'un seul foyer pour les rayons visibles et les rayons obscurs.

Pour les portraits, on emploie des objectifs ap-

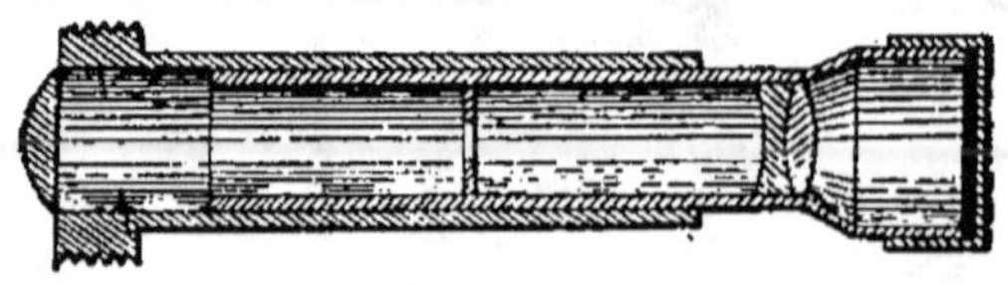

Fig. 27.

pelés *objectifs doubles*, parce qu'ils sont composés

d'un double système de verres, comme l'indique la figure 27.

Pour le paysage, les monuments et les reproductions, on emploie l'objectif simple et conique, représenté par la figure 28 ; il ne se compose que

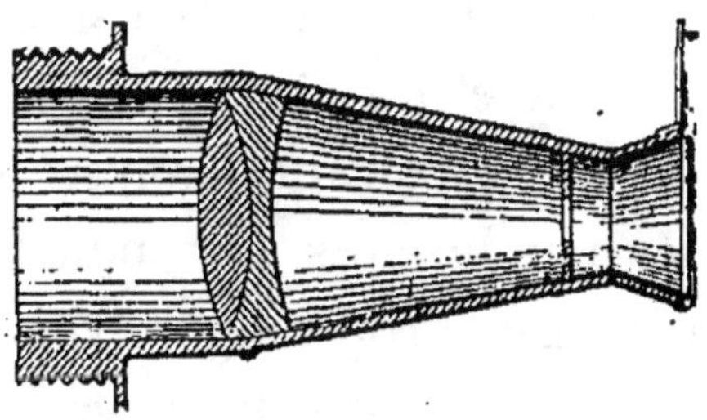

Fig. 28.

d'un seul système de lentilles accolées, l'une divergente, l'autre convergente. Mais, avec cet objectif, pour éviter que les lignes droites de la nature soient courbes dans l'image, il faut placer devant l'objectif un très-petit diaphragme. On diminue

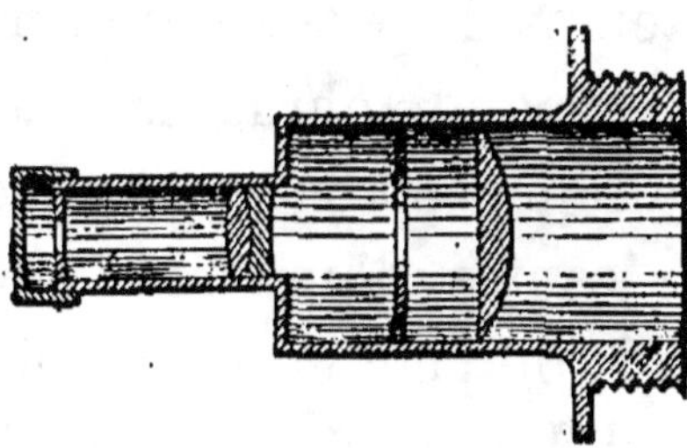

Fig. 29.

ainsi la lumière admise dans la chambre noire, et on est obligé d'augmenter le temps de pose. Quoique cet inconvénient soit généralement peu sensible, il prive cependant le photographe d'un certain nombre de vues, qui demanderaient à être prises presque instantanément. Aussi a-t-on remplacé l'objectif simple conique par un autre (fig. 29), nommé *objectif orthoscopique*, qui a un double système de verres. Il est plus rapide que l'objectif simple et ne déforme pas les lignes.

Il y a encore un grand nombre d'autres objectifs adoptés par les uns et repoussés par les autres, dont il serait trop long de vous parler.

En général, on limite le faisceau lumineux qui traverse l'objectif par des *diaphragmes*, qui ne laissent pas passer les rayons du bord des lentilles, rayons qui tendent toujours à se disperser. On réduit évidemment, en agissant ainsi, la quantité de lumière qui entre dans la chambre noire ; mais on compense cet inconvénient en prolongeant un peu le temps de pose, et on arrive à une netteté impossible sans diaphragme. Ce sont des rondelles métalliques ou en carton, peintes en noir et percées au centre d'un trou circulaire plus ou moins grand ; on peut en faire soi-même avec des ouvertures différentes, et, par tâtonnement, les placer de manière à avoir des images aussi nettes que possible.

Les objectifs, — car on en a toujours plusieurs pour une chambre noire, — s'adaptent à la chambre noire, soit à coulisse, comme dans la fig. 26, ou simplement à vis, sur une monture commune fixée à la chambre noire.

Pied de la chambre noire. — Celui représenté par la figure 26 est aussi complet que possible ; il porte une tablette, sur laquelle peut glisser et se fixer la chambre noire. Cette tablette, portée par deux tourillons, peut s'incliner à volonté et se fixer, au moyen de demi-cercles et de vis de pression, dans la position qu'on veut lui donner. Une manivelle, agissant au moyen d'une vis sans fin sur une roue à dent, fait monter ou descendre la tablette ; le tout, au moyen de roulettes placées sous les pieds, peut être tourné dans tous les sens. Il y en a de beaucoup plus simples et qui suffisent parfaitement.

Mettre au point. — Cette opération n'est pas aussi facile que vous pourriez le penser ; il faut certaines connaissances de perspective, du goût et beaucoup d'expérience. Il ne suffit pas de représenter ce que la nature offre ; il faut savoir choisir les effets d'ombres et de lumières, de manière à bien faire ressortir ce que l'on veut reproduire. Jamais l'image photographique, quand les objets sont sur différents plans, n'est exacte ; les parties les plus rapprochées sont toujours plus grandes et plus grosses que dans la nature; cet inconvénient, peu sensible dans les paysages, devient très-marqué dans un portrait. Supposons une personne placée de face et assise; dans son image photographique, les genoux et les mains, qui sont en avant, seront démesurément grands, le nez même sera toujours plus gros relativement aux autres parties de la figure qui sont moins en avant. Par suite, l'artiste expérimenté pose son modèle de telle sorte que ces inconvénients inévitables soient aussi peu apparents que possible. Du reste, la pose de la personne qu'il veut représenter est pour beaucoup dans la ressemblance; il y a dans la manière générale de se tenir, pour chaque personne, des différences tellement grandes, que vous reconnaissez parfaitement des individus que vous ne voyez que par derrière.

Sur ce sujet et sur la couleur des vêtements, il y aurait bien long à dire, mais ce serait inutile ici; il suffit que vous compreniez bien que, pour faire de la photographie, on n'arrive pas à un résultat satisfaisant sans beaucoup de travail et surtout beaucoup de méthode, qui seule permet de bien observer toutes les circonstances particulières qui se présentent, et de découvrir les causes des insuccès.

Après avoir bien posé le modèle, ou après avoir

choisi le point de vue à reproduire, on dirige dessus l'objectif de la chambre noire, qui doit être ni trop haut ni trop bas. En se couvrant avec le voile noir, et en écartant ou en rapprochant la glace dépolie de l'objectif, on arrive facilement à avoir une image aussi nette que possible et bien placée au milieu de cette glace. Quand ce résultat est obtenu, on fixe la chambre noire dans sa position, et l'on met l'obturateur devant l'objectif.

Exposition dans la chambre noire. — Toutes les opérations de la mise en place de la chambre noire, de la pose du modèle, etc., doivent être faites pendant que la glace qui doit servir est dans le bain d'argent, car la surface sensibilisée ne peut attendre plus de quatre à cinq minutes; au delà de ce temps, les clichés ont presque toujours des taches.

On remplace le châssis de la glace dépolie par celui qui porte la glace couverte de collodion et sensibilisée; on ouvre le volet de ce châssis et on retire l'obturateur de l'objectif. Ici, il est impossible, même approximativement, d'indiquer le temps pendant lequel la glace doit rester exposée à la lumière, parce qu'il est subordonné à mille causes qui le modifient continuellement et qu'il faut savoir apprécier. Il dépend de la couleur des objets, de la nature de la lumière, de la distance du modèle, de la grandeur de l'objectif, de la disposition des diaphragmes, de l'habileté de l'opérateur, de la bonté des produits employés, etc., etc. L'expérience et la persévérance conduisent seules à la réussite. En général, on fait plusieurs clichés avec des temps de pose différents, et l'on choisit celui qui fournit la meilleure image.

Développement de l'image. — Il faut avoir de la *couperose verte* (protosulfate de fer) en dissolution dans un flacon. Le liquide doit être toujours saturé, ce qu'on obtient facilement en ayant toujours de la couperose non dissoute au fond du flacon.

Un des nombreux bains qui servent au développement de l'image se compose de :

50 centimètres cubes d'eau saturée de couperose,
40 centimètres cubes d'eau distillée,
25 centimètres cubes d'alcool à 36°,
45 centimètres cubes d'acide acétique cristallisable.

Il doit être bien filtré avant d'être employé.

Le châssis, retiré de la chambre noire, est apporté dans le cabinet obscur ; la glace est retirée avec précaution, et l'on verse rapidement, à sa surface, la liqueur développante contenue dans un verre à expériences. Quand l'épreuve ne semble plus gagner de force, on verse dans le verre quelques gouttes d'une solution d'azotate d'argent à 2 pour 100; on répand de nouveau ce liquide sur le collodion pour compléter le développement de l'image. On lave ensuite, à grande eau, la surface du collodion.

Fixage de l'image. — Versez sur la surface du collodion une couche suffisante d'eau saturée d'hyposulfite de soude ou d'eau contenant 2 à 3 pour 100 de cyanure de potassium. Lavez à grande eau; mais, comme l'épreuve s'affaiblit toujours sous l'action de cette manipulation, il faut la renforcer.

Renforcer l'image. — Versez sur l'image une solution de bichlorure de mercure à 1 pour 100 d'eau distillée; lavez avec soin. Si l'image blanchit, la couvrir d'un seul coup avec la solution d'hyposulfite qui a servi à la fixer.

Gommer et vernir l'image. — L'image parfaitement développée, fixée, renforcée et lavée, versez dessus, quand elle est encore humide, une solution de 10 parties de gomme arabique dans 100 d'eau. Posez l'épreuve, droite, sur des feuilles de papier buvard.

Quand l'épreuve est bien sèche, la faire tiédir

au-dessus de quelques charbons allumés et verser dessus, comme du collodion, un vernis que l'on trouve chez tous les marchands de produits photographiques, qui se compose, du reste, des matières suivantes :

10 grammes d'alcool à 36°,
4 grammes gomme laque blanche pàle pulvérisée,
2 grammes benjoin,
2 grammes gomme élémi,
2 grammes sandaraque pulvérisée,
0ᵍ,50 camphre,
0ᵍ,50 térébenthine de Venise.

Retouches des épreuves négatives. — Malgré tous les soins que l'on peut apporter dans l'exécution des négatifs, il est rare qu'ils ne laissent pas à désirer en quelques endroits. Il y a presque toujours des points brillants et des points opaques, qui donnent des taches noires et des taches blanches sur les positifs. Souvent le ciel, devenu trop blanc, par suite d'une exposition polongée nécessitée par les détails du premier plan, donnerait un ciel trop noir sur le positif; enfin des détails de premier plan trop accentués découperaient l'image positive d'une manière désagréable. Toutes ces causes, et bien d'autres semblables, mettent dans l'obligation de retoucher les épreuves négatives. C'est un travail délicat, qui ne peut se faire qu'à la loupe avec des pinceaux très-fins et des pointes aiguës.

Les points brillants des épreuves négatives, sur papier ciré, sont masqués avec une espèce d'encre composée avec les matières suivantes, broyées avec soin sur une glace polie :

> 10 parties de noir d'ivoire,
> 2 parties de miel blanc,
> 2 parties d'eau saturée de gomme arabique,
> 1 partie sucre candi.

Les points noirs sont enlevés ou éclaircis avec une pointe; les ciels trop blancs sont peints de manière à donner un ciel naturel au positif.

Pour les négatifs sur collodion, ils doivent être parfaitement vernis avant d'être retouchés; ceux sur albumine peuvent être retouchés sans être vernis. Ordinairement on emploie la peinture à la gouache, composée de jaune de chrome et de bleu de Prusse, dont le premier ne laisse pas passer la lumière et le second la laisse passer. La combinaison de ces deux couleurs permet de produire les demi-teintures qui peuvent être nécessaires.

Epreuves positives. — Sur la préparation du papier positif et sur le tirage de l'épreuve positive, je n'ai rien à ajouter à ce que je vous ai dit a cet égard.

Différence entre le daguerréotype et la photographie. — Le daguerréotype, remarquez-le bien, arrive directement à une image positive; il donne des lignes d'une finesse extraordinaire et des détails merveilleux. Mais le miroitage de la plaque est désagréable, on n'obtient qu'une épreuve, et il est difficile de faire des plaques d'une grande dimension sans que leur fragilité devienne très-grande.

La photographie, au contraire, donne une épreuve contraire à la nature, c'est-à-dire négative; mais cette épreuve peut en produire de positives autant qu'on peut le désirer. Les épreuves positives ont une finesse suffisante et un modelé plus puissant par le fait de l'absence de miroitage. Elles sont moins pesantes et moins fragiles, mais aussi elles ont moins de durée que les épreuves daguerriennes.

En fin de compte, la photographie est un véritable progrès sur le daguerréotype, et chaque jour on trouve des applications nouvelles.

Emploi des substances inertes. — En général, les épreuves positives n'ont pas la même durée que les gravures et les lithographies; la lumière les altère, elles perdent peu à peu de leur vigueur. Aussi a-t-on cherché, et cherche-t-on chaque jour, de nouveaux moyens. Après les sels d'argent, on a employé les sels d'urane; puis on a fait usage de substances inertes. Le charbon et ses composés ont été expérimentés et ont donné de bons résultats.

Le procédé suivant est un des plus simples :

On fait dissoudre dans 100 grammes d'eau bouillante du bichromate de potasse, et on ajoute ensuite 1 gramme de gélatine blanche. On dépose les feuilles de papier sur la surface de ce bain encore tiède pendant quelques secondes seulement, on les enlève et on les suspend pour qu'elles sèchent. Ce papier ne peut se conserver que pendant quelques jours, mais il demande quatre fois moins de temps d'exposition que le papier positif ordinaire. Après l'exposition sous le cliché, on rapporte le positif dans un cabinet obscur qui sert aux manipulations; on le fixe, avec un peu de gomme, aux angles et l'image en dessus, sur une glace placée horizontalement; on saupoudre le dessus de noir de fumée très-fin, et l'on produit l'adhérence au papier au moyen d'un tampon de coton.

On place alors l'épreuve, le côté noir en dessus, au fond d'une cuvette, dans laquelle on verse de l'eau bouillante. Dans toutes les parties qui n'ont pas été impressionnées par la lumière, la gélatine est restée soluble et se détache en entraînant avec elle le noir de fumée. Pour rendre ce lavage aussi complet que possible, pour que toute la gélatine restée soluble soit bien enlevée, on change l'eau chaude plusieurs fois et l'on termine l'opération en promenant sur l'image un pinceau très-doux.

Reproductions. Agrandissements. Diminutions: — Au moyen de grands appareils, convenablement disposés, on reproduit en grandeur naturelle des gravures, et même des tableaux à l'huile. Alors les épreuves obtenues ne déforment en rien le modèle si l'on a soin de mettre le plan de l'objectif de la chambre noire bien parallèle à celui du sujet à copier.

On peut aussi copier, dans des dimensions beaucoup agrandies, une photographie ordinaire; ainsi, avec un petit portrait-carte, par exemple, on peut avoir un portrait de grandeur naturelle. Dans ce cas, il est facile de comprendre que les petits détails de l'épreuve à grandir, le grain du papier, etc., deviennent très-apparents dans l'image agrandie. Si au contraire il s'agit de la diminution d'une image d'une certaine grandeur, tous les défauts visibles sur le modèle disparaîtront ou seront à peine visibles sur la reproduction.

Épreuves instantanées. — On est arrivé à pouvoir représenter des rivières sur lesquelles des navires à vapeur circulent, au-dessus desquelles volent des oiseaux ou passent des nuages.

M. Skaife a inventé un petit appareil photographique que l'on tient à la main, et avec lequel on peut prendre des vues en marchant, en passant dans une voiture, dans un bateau à vapeur. Pour qu'il en soit ainsi, il faut que les épreuves soient instantanées.

Épreuves microscopiques. — Vous avez certainement vu ces petits joujoux, dans lesquels on regarde par un tout petit trou à peine visible; on voit alors une image quelconque qui paraît avoir plusieurs centimètres carrés. Ce sont des photographies microscopiques devant lesquelles se trouve une lentille microscopique aussi, mais très-puissante.

Pendant la guerre, on a utilisé les photographies microscopiques pour reproduire les journaux ou les dépêches que l'on voulait faire passer de Paris au dehors et réciproquement. Au moyen d'un puissant microscope électrique, ces petites photographies de moins d'un centimètre carré, faites sur un papier excessivement fin, étaient grandies et copiées pour être publiées.

Un homme, arrêté comme espion à nos avant-

postes, fut amené à mon quartier général ; pour
me prouver qu'il avait mission du gouvernement,
il retira une fausse dent qui contenait une vingtaine de numéros du *Journal officiel* publié à
Tours, où se trouvait alors le gouvernement de la
Défense nationale. Un autre, arrêté aussi aux
avant-postes, avait des épreuves microscopiques
du *Journal officiel* dans une petite boîte, contenue
dans le talon d'un de ses souliers.

Epreuves stéréoscopiques. — Je vous ai parlé de
l'instrument nommé stéréoscope ; vous savez sur
quel principe il est construit ; je vais vous dire ici
quelques mots sur la manière de prendre les vues
stéréoscopiques.

On emploie le plus souvent deux chambres
noires de la même grandeur, mobiles autour de
deux pivots verticaux, qui entrent dans des douilles
pratiquées aux extrémités de deux branches, à
charnières à leur autre extrémité. Tout le système
est placé sur la tablette d'un support à trois pieds
ordinaires, autour de l'axe duquel il peut tourner.
Par ces différentes combinaisons, chaque chambre
noire peut tourner sur elle-même ; au moyen des
branches de la pièce articulée, on peut les écarter
l'une de l'autre, et la plate-forme du pied permet,
non-seulement de faire tout tourner, mais encore

d'incliner tout le système sous l'angle nécessaire. Les objectifs de ces deux chambres noires sont aussi exactement que possible de la même grandeur et de la même puissance focale. La distance des centres des objectifs n'est pas limitée à celle des axes des deux yeux, qui ne donne pas tout le relief que l'on peut obtenir. C'est donc à l'opérateur, en s'aidant de l'expérience acquise, à choisir cette distance suivant les circonstances dans lesquelles il se trouve.

Quoi qu'il en soit, avec cet appareil, on obtient dans les mêmes conditions de lumière, de soleil et au même moment, deux vues du même point, prises de deux endroits différents.

Il y a des chambres pour vues stéréoscopiques encore plus compliquées : un mécanisme permet de substituer promptement de nouvelles glaces à celles impressionnées par la lumière.

On peut obtenir des vues stéréoscopiques avec une seule chambre noire ; pour cela, il suffit de prendre le même point de vue de deux endroits différents et rapprochés ; mais alors on a plus de difficultés, et les deux vues ne sont pas exactement dans les mêmes conditions d'ombres et de lumières.

Portraits-cartes. — Ce genre de photographie

est adopté partout; les portraits-cartes seuls occupent et font vivre des centaines de mille de personnes; il n'est pas une petite ville qui n'ait un ou plusieurs photographes. Mais aussi, quels services ces pauvres artistes rendent! Grâce à eux, les liens de famille ne se rompent pas tout à fait par les distances. On peut écrire, il est vrai; mais quand la séparation se prolonge, on désire connaître les changements produits par les années. Cette pauvre mère, restée seule au village, a tous ses enfants loin d'elle : l'un est en Russie, l'autre en Amérique. Elle reçoit bien de leurs nouvelles, mais cela ne lui suffit pas. Ils sont partis depuis longtemps ; ils étaient petits, ils sont hommes maintenant; ils sont mariés et ont des enfants. Si elle pouvait les voir! La photographie comble tous ses vœux; les portraits de ses enfants, de leurs femmes, de leurs enfants, tous sont autour d'elle; elle les voit chaque jour, elle leur parle; ils sont toujours là avec elle; — la famille reste entière.

Au point de vue historique, l'importance des portraits photographiques est aussi grande. D'après les faits transmis, on représente les héros anciens, dont les traits ne nous ont pas été conservés, avec des figures de convention; la photographie transmettra les traits et les physionomies, comme l'impression transmet les pensées des hommes qui se sont illustrés, et que la mémoire doit conserver.

On cherche, par tous les moyens possibles, des procédés, des appareils qui mettent les portraits-cartes à la portée de toutes les bourses, et on y arrive. Telle chambre noire porte deux objectifs et donne deux clichés; telle autre en porte quatre et donne quatre clichés. On choisit la meilleure épreuve; avec une chambre noire à un seul objectif, il faut toujours faire plusieurs épreuves, et, par suite, préparer plusieurs glaces.

Photographies en couleurs. — Bien des tentatives sont faites pour obtenir des épreuves photographiques, donnant les couleurs des objets qu'elles représentent; jusqu'à ce jour, aucun résultat bien satisfaisant n'a été atteint. On obtient bien des images rouges, vertes, violettes ou bleues, mais on n'arrive pas à plusieurs couleurs bien tranchées sur la même image. On doit à M. Niepce de Saint-Victor, le digne neveu de l'inventeur de l'héliographie, de remarquables travaux dans cette voie. Il obtient les différentes couleurs dont il vient d'être question, par des manipulations différentes auxquelles il soumet le papier positif, ou les épreuves positives d'une autre couleur.

Pour la couleur rouge, le papier est préparé

avec une solution d'azotate d'urane à 200 pour 100 d'eau. A la sortie du châssis, l'épreuve est lavée dans de l'eau à 50 ou 60° centigrades et plongée dans une dissolution de prussiate rouge de potasse à 2 pour 100 d'eau. Enfin, on la lave dans plusieurs eaux jusqu'à ce que l'eau reste parfaitement limpide, et on la laisse sécher.

La couleur verte s'obtient avec une épreuve rouge que l'on plonge, pendant une minute environ, dans une dissolution d'azotate de cobalt; on la retire sans la laver, pour la fixer, en la plongeant quelques secondes dans une dissolution de sulfate de fer et d'acide sulfurique, chacun à 4 pour 100 d'eau. On la passe dans l'eau et on la fait sécher au feu.

La couleur violette s'obtient en préparant le papier comme pour la couleur rouge; à sa sortie du châssis, on lave l'épreuve dans l'eau chaude et on la développe dans une dissolution de chlorure d'or à 1/2 pour 100 d'eau. Dès que l'épreuve a acquis une belle couleur violette, on la lave et on la fait sécher.

Pour la couleur bleue, on prépare le papier avec une dissolution de prussiate rouge de potasse à 200 pour 100 d'eau, et on laisse sécher dans l'obscurité. On retire le papier du châssis quand les parties en dehors du cliché ont une légère teinte bleue; on la met pendant cinq à dix secondes dans une dissolution de bi-chlorure de mercure saturé à froid; on lave et on verse sur l'épreuve, à une température de 50 à 60° centigrades, une solution d'acide oxalique saturée à froid; on lave et on laisse sécher.

Tous ces développements que je vous donne, et qui seraient tout à fait insuffisants si vous vouliez faire de la photographie, ont pour but, non-seulement de vous donner une idée de toutes ces manipulations, mais surtout de vous montrer combien il a fallu de recherches, de tâtonnements, d'essais, d'expériences, pour arriver à composer toutes ces dissolutions et à les employer. Il faut que vous soyez bien convaincus qu'on ne fait rien, qu'on ne produit rien, sans beaucoup de travail.

Photographie de campagne. — On construit, pour les artistes, de petits matériels que l'on peut emporter sur le dos, et qui permettent d'aller prendre des vues photographiques, comme on va faire des études au crayon, à l'aquarelle ou à l'huile. Des hommes riches, amoureux de la science, ont fait construire à grands frais de véritables établissements photographiques roulants, avec lesquels ils vont faire de véritables campagnes, qui ne sont pas parfois sans dangers. Ils ont fait faire et font faire encore des progrès immenses à la photographie; ils rapportent des vues splendides de pays où leur fortune seule leur permet d'aller. Honneur à ces vaillants volontaires de la science et des arts, qui consacrent à des découvertes utiles pour tous leur intelligence et leur fortune!

Méthode de M. Russel. — On doit au major américain Russel une méthode qui permet de préparer des glaces conservant pendant longtemps leur sensibilité. Par suite, le photographe ou l'amateur, qui veut aller prendre des vues dehors, n'est pas obligé d'emporter avec lui tout le bagage nécessaire pour la préparation des glaces.

Voici en quoi consiste cette méthode : On nettoie les glaces dont on doit se servir, en les plongeant dans une solution de 80 grammes d'acide sulfurique et 60 grammes de bi-chromate de potasse dans un litre d'eau; elles restent dans ce bain vingt-quatre heures. Au bout de ce temps, on les retire pour les frotter avec des linges bien propres, jusqu'à ce que l'haleine y dépose une buée légère, uniforme, disparaissant promptement. Dès ce moment, on ne doit plus toucher les glaces que par les bords.

Le collodion se compose de 1 gramme de coton-poudre dissous dans 60 grammes d'éther sulfu-

rique et 18 grammes d'alcool rectifié. On ajoute ensuite à cette première dissolution :

1° 10 centimètres cubes de la dissolution suivante :

> 100 grammes d'alcool,
> 2 grammes d'iodure d'ammonium,
> 6 grammes de bromure de cadmium,
> 6 grammes d'iodure de cadmium.

2° Un tiers à un quart de collodion ancien.

Le bain sensibilisateur est une dissolution d'a-
zotate d'argent et d'acide nitrique, à raison de
10 grammes de chacune de ces matières dans
100 grammes d'eau. On verse dans cette dissolution quelques gouttes de collodion, et l'on filtre.

Le major Russel emploie, en outre, ce qu'il appelle un bain préservateur. C'est une dissolution
de 4 grammes de tanin dans 60 grammes d'eau,
à laquelle il mélange, en agitant continuellement,
une autre dissolution de 10 grammes de dextrine
dans 14 grammes d'eau, puis 10 grammes d'alcool
et une goutte d'acide phénique ou d'essence de gi-
rofle. Il laisse reposer la liqueur un jour ou deux,
et il filtre.

A l'abri de la lumière, chaque glace est recouverte de collodion, et, quand ce dernier est pris,
plongée dans une cuvette plate contenant le bain
sensibilisateur. L'opération est terminée quand,

soulevant la glace du bain, le liquide coule sur la surface du collodion bien uniformément. Pendant cette manipulation, il se forme dans le collodion de l'iodure et du bromure d'argent, qui sont très-sensibles à la lumière.

Après le passage dans le bain sensibilisateur, chaque glace est lavée à plusieurs eaux. On verse ensuite sur le collodion une petite quantité de liqueur préservatrice, que l'on fait promener sur toute la surface et que l'on jette; puis on plonge la glace dans le bain préservateur, où elle reste quelque temps.

Enfin, on retire la glace de ce dernier bain ; on la place verticalement pour qu'elle s'égoutte et se sèche, et on la met dans la boîte destinée à recevoir les glaces.

On expose ces glaces au collodion sec comme celles au collodion humide; elles s'impressionnent et se développent de la même manière; seulement, on ne doit pas employer de sulfate de fer pour cette dernière opération, mais bien de l'acide pyrogallique. La dissolution dont on se sert contient :

100 grammes eau de pluie ou eau distillée,
1/2 gramme acide pyrogallique,
1 gramme acide acétique,
15 grammes alcool.

On commence par mouiller le collodion de la

glace à développer avec de l'eau pure, qu'on laisse
bien égoutter, et l'on verse à la surface la liqueur
développante. Sous son action, l'image négative
apparaît. Si cette image n'est pas assez vigoureuse,
on peut la renforcer en ajoutant à la liqueur développante quelques gouttes de la dissolution suivante :

100 grammes d'eau,
3 grammes de nitrate d'argent,
8 grammes d'acide acétique.

Quand l'image est apparue, on la lave sous un
robinet, puis on la fixe en versant à sa surface une
dissolution dans l'eau d'hyposulfite de soude à
20 pour 100, qui enlève l'iodure et le bromure
d'argent non décomposés par la lumière, tout en
colorant en blanc jaunâtre le collodion. Enfin, on
lave à grande eau pour enlever tout l'hyposulfite;
on fait sécher et on vernit la glace.

Il faut remarquer que le développement d'une
image sur collodion sec peut ne se faire que plusieurs jours après la pose; il n'y a donc rien à
emporter pour le virage et le fixage. Cependant, si
l'on désire se rendre compte immédiatement des
résultats obtenus, il suffit d'exposer la glace à des
vapeurs d'ammoniaque. Mais cette opération préalable n'empêche pas celle du développement dont
je viens de vous parler.

Il est bien entendu que, depuis le moment où la glace a été mise dans le bain sensibilisateur jusqu'à son vernissage, elle n'a été exposée à la lumière du jour que dans la chambre noire.

Le scénographe. — Les avantages de la méthode du major Russel ont été complétés par la confection d'appareils photographiques considérablement simplifiés. Parmi tous ces différents systèmes,

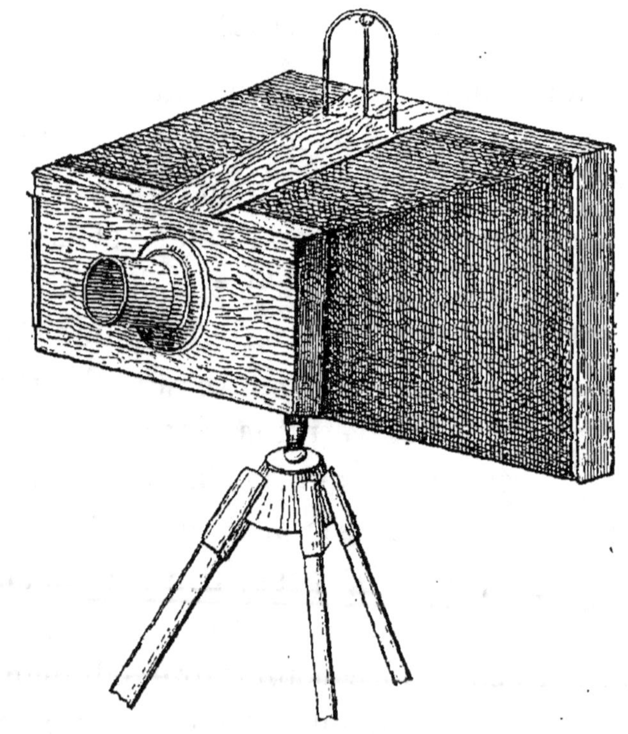

Fig. 30.

celui que l'on désigne sous le nom de *scénographe* (figure 30) est un des plus ingénieux.

C'est une petite chambre noire, dont les côtés sont en étoffe, ce qui permet de rapprocher la partie qui porte l'objectif de celle qui porte la glace dépolie, et de diminuer ainsi considérablement son volume pour la porter. Deux planchettes, l'une en dessus, l'autre en dessous, que l'on peut mettre indifféremment sur les grands côtés ou sur les petits de l'appareil, suivant que l'on veut prendre une vue en longueur ou en hauteur, servent à tendre l'étoffe et à conserver à la chambre noire sa forme pyramidale tronquée. La planchette du dessous porte la douille dans laquelle se visse le pied de l'instrument; sur celle du dessus est adaptée une petite tige, suspendue à un arc en cuivre, qui indique si l'instrument est bien d'aplomb, horizontalement et verticalement.

Cette chambre noire peut encore se diviser intérieurement en deux parties, et la monture de l'objectif est disposée pour pouvoir glisser d'un côté ou de l'autre de ces parties. Cette disposition, qui donne la possibilité de n'impressionner que la moitié de la glace, permet de prendre facilement des vues stéréoscopiques.

L'objectif est une seule lentille à court foyer, de manière à avoir une chambre noire aussi courte que possible. Sa monture est disposée pour recevoir, en avant, des diaphragmes de différentes grandeurs.

Les châssis pour glace ont été aussi beaucoup simplifiés; pour le scénographe, c'est un petit châssis léger, fermé de chaque côté par un volet en carton; on peut mettre, dans ce châssis, deux glaces sensibilisées, dont les faces, non couvertes de collodion, ne sont séparées que par une feuille de papier opaque. On peut facilement emporter une demi-douzaine de ces châssis et, par suite, avoir douze glaces préparées.

Le pied est une genouillère articulée, qui permet d'incliner et de tourner à volonté l'instrument; elle est supportée par trois tubes creux, qui rentrent l'un dans l'autre comme les différentes parties de certaines cannes de pêche.

Le scénographe développé ayant toujours la même longueur, on ne peut mettre au point qu'en faisant mouvoir l'objectif; sa monture porte une graduation qui permet de mettre au point, pour des objets placés à des distances connues, sans employer la glace dépolie et un voile noir.

Le tirage des positifs se fait comme à l'ordinaire.

L'appareil complet, sans compter les glaces que l'on peut emporter en plus ou moins grand nombre, ne pèse pas 500 grammes; il est renfermé dans un étui en peau et porté comme les lorgnettes doubles dont on se sert en voyage.

Tout est si simple, qu'il suffit de voir employer

l'instrument pour s'en servir soi-même. Aussi, chers lecteurs, économisez pour acheter un scénographe, ou tout autre appareil du même genre, et vous aurez un joujou charmant qui, non-seulement vous amusera en vous instruisant, mais encore pourra vous laisser des souvenirs agréables.

APPLICATIONS DE LA PHOTOGRAPHIE.

Les applications de la photographie sont déjà considérables, et elles augmentent chaque jour; je vous ai dit déjà combien elle contribuait au maintien des relations de la famille.

Elle peut venir en aide à tous les arts; entre les mains d'un artiste ayant véritablement le sentiment de l'art, elle peut produire des merveilles. Elle peut aider beaucoup le peintre dans la composition de ses tableaux; elle lui fournit des études d'une vérité parfaite; elle lui permet de prendre sur nature des sujets tout composés. La ligne, dans toute sa pureté, lui est donnée, — c'est déjà beaucoup; — il peut dès lors y mettre tout le sentiment, toute l'expression que son imagination rêve. Ses tableaux sont reproduits avec une grande fidélité et à un prix bien inférieur à celui de la gravure; ils vont ainsi trouver au loin ceux qui ne pourraient venir

les voir. La réputation de l'artiste s'étend, le nom
de celui qui a véritablement du talent est porté à
tous les points de la terre.

On photographie, sur toile à peindre, des portraits qui peuvent être aussi grands que nature ; sur
ces dessins, d'une exactitude scrupuleuse, on peut
peindre comme sur une toile ordinaire qui porte
une esquisse quelconque. Mais ce moyen est bien
rarement employé par un artiste véritable, et il y a
toujours la différence qui existe entre l'œuvre d'une
machine, qui copie exactement mais servilement, et
la main exercée et intelligente qui donne la vie et
le mouvement à tout ce qu'elle trace.

On cherche, et on arrivera certainement, à creuser les traits d'une image photographique, de
manière à pouvoir les reproduire comme une gravure en taille-douce. Déjà on a obtenu certains
résultats ; mais comme plusieurs des procédés employés font usage de dépôts métalliques produits
par la galvanoplastie, je renvoie cette question à
l'entretien dans lequel je vous parlerai de cette
nouvelle branche industrielle.

On est arrivé à faire de la lithographie photographique. M. Poitevin est le premier, je crois, qui ait
obtenu un résultat, il y a de cela déjà une vingtaine
d'années. Il étendait sur une surface (pierre, métal
ou autre) un mélange d'albumine et de bichromate

de potasse. Sur cette couche sèche, sensible à la lumière, il obtenait un positif au moyen d'une épreuve négative; en passant de l'encre grasse sur cette image, soit avec un tampon, soit avec un rouleau, l'encre ne s'attachait qu'aux parties qui avaient subi l'influence de la lumière. Il enlevait avec de l'eau, dans l'obscurité, le bichromate non altéré par la lumière et qui se trouvait à la place des noirs de l'image négative; en passant le rouleau chargé d'encre, il obtenait les mêmes résultats qu'avec une pierre lithographique préparée à la manière ordinaire. Des lithographies, comparables à des épreuves photographiques, obtenues par ce procédé, furent présentées à l'Académie des sciences, le 7 janvier 1856, par M. Becquerel.

L'astronomie, dans ces derniers temps, a beaucoup utilisé la photographie pour avoir des images des astres.

Au moyen d'un scaphandre, on peut aller prendre des vues du fond de la mer; vous comprenez de quelle importance cela peut être dans beaucoup de travaux sous-marins.

Un grand entrepreneur, chargé de constructions éloignées les unes des autres, un chef d'administration, un ministre peuvent en quelque sorte suivre, jour par jour, les travaux en cours d'exécution à différents points d'un grand État, en se faisant envoyer des photographies représentant ces travaux.

On fait des vues panoramiques qui peuvent servir à la confection des cartes, car elles permettent de fixer exactement la position des différents points en vue.

La plus extraordinaire des applications de la photographie, dont je vous ai déjà dit quelques mots au sujet des épreuves microscopiques, est celle faite, pendant la malheureuse guerre de 1870-71, par M. Dagon, qui quitta Paris dans l'aérostat *le Niepce*, et qui tomba au beau milieu des lignes prussiennes, dont il sut se tirer. M. Dagon réduisait, par la photographie, les dépêches qui lui étaient confiées par le gouvernement de la Défense nationale; il remplaça le papier par des feuilles de collodion plus minces que des pelures d'oignon. Chaque feuille de collodion, de trois centimètres sur cinq, était la reproduction de 16 pages in-folio d'imprimerie, contenant environ trois mille dépêches. La légèreté de ces pellicules a permis d'en mettre jusqu'à dix-huit dans un tuyau de plume et d'attacher ce dernier à une des plumes de la queue d'un pigeon voyageur, qui portait ainsi 50,000 dépêches ne pesant pas 1/2 gramme. Dès que le pigeon, qu'on avait emporté de Paris, était rentré dans la capitale, on retirait le rouleau de dépêches du tube qui les contenait, on le mettait dans de l'eau contenant quelques gouttes d'ammoniaque, et on séparait les feuilles de collodion les unes des autres pour les faire sécher. Enfin, on plaçait chaque pellicule entre deux verres pour la conserver et l'agrandir au moyen d'un puissant microscope électrique.

La photographie, en donnant le portrait des malfaiteurs, vient en aide à la justice; quand on recherche un criminel, on envoie partout sa photographie, qui est bien supérieure au signalement que l'on pouvait seul donner autrefois.

On prétend que la rétine, au moment de la mort, conserve l'image des objets et des personnes qui ont frappé la vue du mourant en dernier lieu. Ainsi, dans le cas d'un assassinat, la figure du coupable pourrait être gravée sur la rétine de l'assassiné. Je ne sais ce qu'il peut y avoir de vrai dans ce phénomène; quoi qu'il en soit, il se passera bien du temps avant que la justice puisse se servir de révélations semblables; mais, si jamais il était démontré, il arrêterait bien des criminels par la certitude qu'ils auraient d'être immédiatement découverts.

J'aurais encore bien des choses merveilleuses à vous révéler sur cette admirable découverte d'hier, qui n'est qu'à son point de départ, et qui nous réserve certainement bien des surprises. Mais ce serait dépasser les limites de cet ouvrage, qui n'a pour but que de vous donner une idée de cet art nouveau.

DÉPOTS MÉTALLIQUES

Les dépôts métalliques employés dans les arts
ont généralement pour but de recouvrir un objet,
fait avec un métal à bon marché, oxydable et parfois dangereux, d'une couche mince d'un métal,
plus cher il est vrai, mais qui donne à l'objet un
aspect plus agréable, le rend moins oxydable et
sans danger.

On peut partager les procédés employés en deux
grandes classes :

1° Les dépôts indirects, qui ne peuvent se
produire que sous l'action d'un courant électrique.

2° Les dépôts directs, dans lesquels les matières
en présence se soudent à la surface, comme dans
l'étamage du cuivre et du fer ; dans lesquels il se
produit un alliage détruit par la chaleur et laissant
au métal déposé ses qualités physiques, comme
dans la dorure au mercure ; ou en laissant l'alliage.

formé, comme dans l'étamage des glaces; enfin, dans lesquels les métaux se substituent les uns aux autres, comme dans la dorure au trempé.

ÉLECTRO MÉTALLURGIE

L'électro-métallurgie fait extraire, par l'action d'un courant galvanique, le métal contenu dans une dissolution, avec ses qualités physiques particulières.

Si le dépôt métallique n'a pour but que d'obtenir une empreinte exacte, et avec ses plus minutieux détails, d'un objet quelconque, on fait de la *galvanoplastie* proprement dite.

Si, au contraire, le dépôt métallique doit adhérer à l'objet et le couvrir d'une couche protectrice, plus ou moins agréable ou précieuse, on fait de la dorure, de l'argenture, du cuivrage, etc., etc., ou, en général, de l'*électro-chimie*.

GALVANOPLASTIE.

Historique. — Dès 1800, Volta, en découvrant les propriétés de l'électricité dynamique dégagée par sa pile, constata qu'en soumettant la dissolution d'un sel métallique au courant électrique, ce sel était décomposé en ses éléments : le métal se rendait au pôle négatif et l'acide au pôle positif. En 1802, Brugatelli, au moyen de la pile, parvint à dorer deux grandes médailles d'argent; en 1827, Daniell et de La Rive observèrent un dépôt de cuivre, qui s'était formé sur une plaque métallique placée au pôle négatif d'une pile, et reconnurent que ce dépôt reproduisait, avec une scrupuleuse exactitude, les moindres éraillures de la plaque. Mais ils n'en tirèrent aucune conclusion, et les savants ne firent pas attention à ces phénomènes. M. Jacobi, en Russie, M. Th. Spencer, en Angleterre, furent les premiers à s'occuper de cette intéressante question, vers 1838; vinrent ensuite, en 1846, les essais d'argenture et de dorure de MM. Elkington.

M. Spencer fit l'expérience suivante : Sur une plaque de cuivre carrée, recouverte à chaud d'un vernis, composé de cire jaune, de résine et d'ocre jaune, il traça avec une pointe, comme on le fait pour la gravure à l'eau-forte, des traits et des lettres qui découvrirent le métal. Il mit ensuite cette plaque en communication, au moyen d'un fil de cuivre, avec une plaque de zinc de la même grandeur, et composa l'appareil suivant (fig. 31). AB est un vase rempli à moitié d'eau saturée de sulfate de cuivre; CD est un verre à gaz dont

une des extrémités D fut fermée par un tampon
de plâtre de $0^m,02$ d'épaisseur. Ce second vase fut
rempli aux deux tiers d'une solution étendue de

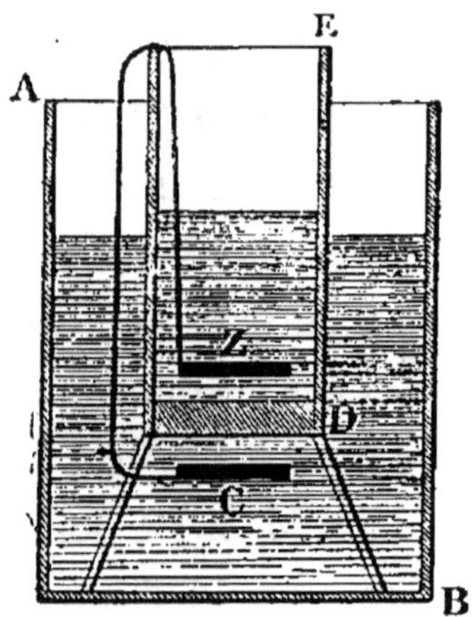

Fig. 31.

sulfate de soude et plongé dans le premier vase.
Le fil de cuivre unissant les deux plaques fut
courbé de telle sorte que la face gravée de la plaque
de cuivre se trouva plongée dans le sulfate de
cuivre parallèlement au-dessous du tampon de
plâtre, et la plaque de zinc dans le sulfate de
soude, parallèlement au-dessus de ce tampon. Dès
que les plaques furent en présence, le cuivre provenant de la décomposition du sulfate de cuivre
vint remplir les traits et les lettres tracés dans le
vernis de la plaque de cuivre, et produisit des
caractères en relief qui purent servir à l'impression typographique. Ce premier succès conduisit

M. Spencer à prendre des empreintes de médailles de la même manière. Pour cela, il forma un couple avec une médaille et une rondelle de zinc ; il laissa la médaille quelque temps dans le sulfate de cuivre ; elle se couvrit d'une couche de cuivre qu'il put détacher. Il eut ainsi une empreinte qui reproduisait, avec la plus grande exactitude, tous les détails de la médaille.

M. Jacobi, de son côté, obtenait, par des moyens à peu près semblables, la reproduction en relief de gravures sur cuivre, puis une contre-épreuve en creux de ces mêmes épreuves. Il multipliait ainsi, autant qu'il le voulait, les exemplaires d'une planche de cuivre gravée.

Les appareils que MM. Spencer et Jacobi employèrent laissaient beaucoup à désirer, et, depuis leur découverte, on a fait d'immenses progrès, que l'on doit surtout à.MM. Becquerel, Boquillon, Elsner, Grove, Mason, Smée, Elkington, Sorel, Chevalier et tant d'autres qu'il serait trop long de nommer.

Appareils galvanoplastiques. — Il y a deux genres d'appareils galvanoplastiques : *l'appareil simple* et *l'appareil composé ;* l'un et l'autre peuvent être employés pour toutes les applications de la gavanoplastie.

L'*appareil simple* est celui dans lequel l'objet, sur lequel on veut faire opérer le dépôt métallique, fait partie essentielle du couple galvanique.

L'*appareil composé* est celui dans lequel le couple galvanique, ou la pile, est entièrement séparé du bain métallique, l'objet sur lequel doit se faire le dépôt étant attaché au pôle zinc de la pile, et le pôle cuivre, charbon, etc., étant mis en communication avec le bain métallique, par le moyen d'une plaque du métal en dissolution. Cette plaque se dissout au fur et à mesure que le métal du liquide se dépose, et maintient toujours le bain à l'état de saturation. L'appareil composé peut, au moyen de plusieurs couples, avoir un courant électrique aussi puissant qu'on peut le désirer, ce qui ne peut avoir lieu avec l'appareil simple.

Appareils simples. — Celui qu'on emploie le plus généralement est représenté par la fig. 32. Dans un vase AB en verre, en faïence ou en porcelaine, on verse la dissolution métallique qui doit produire le dépôt; par exemple, une dissolution saturée de sulfate de cuivre. Au milieu de ce vase, on en met un autre CD poreux, en plâtre ou en porcelaine dégourdie. Ce second vase est en partie rempli d'acide sulfurique étendu de douze à quinze fois son poids d'eau, dans lequel plonge une lame ou un cylindre Z de zinc amalgamé. Les

moules, en communication par des fils métalliques
avec le zinc, sont plongés dans le sulfate de cuivre
du premier vase, les parties qui doivent recevoir

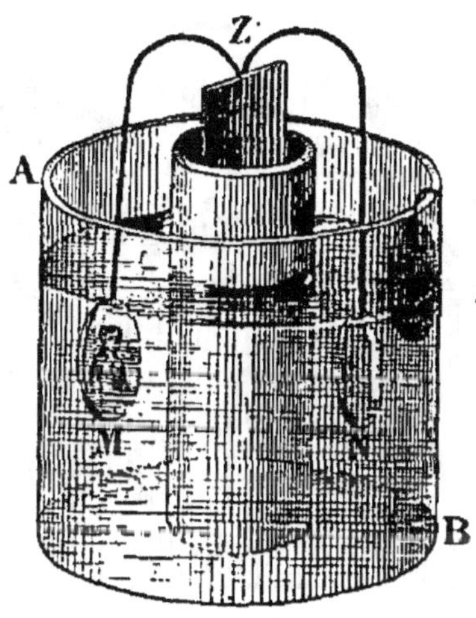

Fig. 32.

le dépôt tournées vers le zinc. Pour que la solution de sulfate de cuivre soit toujours saturée,
malgré le cuivre qu'elle abandonne, on met des
cristaux de sulfate de cuivre dans un sachet ou
une petite corbeille placée dans le liquide à la
partie supérieure.

M. Becquerel conseille l'emploi de l'appareil
suivant (fig. 33). C'est une caisse rectangulaire
en bois, enduite intérieurement avec une substance inattaquable par les dissolutions. Elle est
partagée en deux compartiments, par une cloison
ou un diaphragme poreux, en gros plâtre de mou-

leur, par exemple. L'un des compartiments reçoit
là dissolution métallique et le moule, l'autre contient de l'eau légèrement acidulée et une lame de

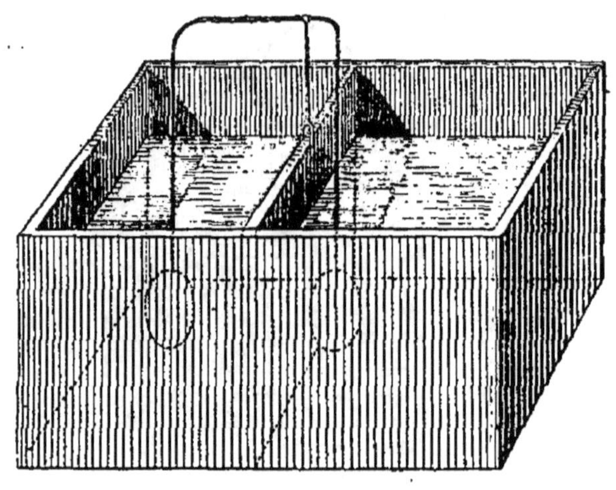

Fig. 33.

zinc amalgamée, ayant une surface à peu près
égale à celle du modèle. Quand tout est ainsi disposé, le moule et le zinc à quelques centimètres
seulement du diaphragme et parallèles entre eux,
on établit la communication entre les deux.

Pour reproduire une médaille, on peut encore
faire un appareil beaucoup plus simple : celui indiqué par la figure 34. On prend un vase ordinaire, un pot à confiture, par exemple ; on fait un
cornet avec du gros papier à enveloppes, assez
grand pour recevoir une rondelle de zinc à peu
près de la dimension de la médaille à copier. On

verse la dissolution de sulfate de cuivre dans le vase, de l'eau acidulée dans le cornet, et l'on plonge ce dernier dans le sulfate de zinc. On unit le moule au zinc par un conducteur que l'on courbe, de manière que les deux objets se trouvent vis-

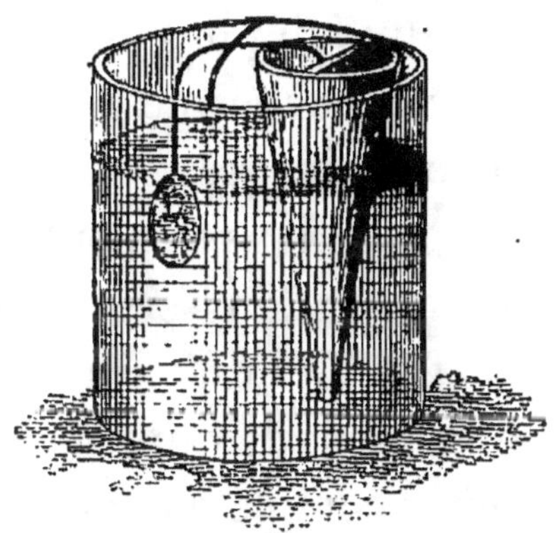

Fig. 34.

à-vis l'un de l'autre, parallèles entre eux et à peu de distance. Une petite tringle de bois, placée en travers du vase, supporte le moule et le zinc, qui sont plongés, le premier dans le sulfate de cuivre, et le second dans l'eau acidulée du cornet.

On peut aussi faire soi-même l'appareil simple, décrit tout d'abord : il suffit d'amalgamer le zinc et de remplacer le cornet en papier par un vase poreux, facile à exécuter, comme vous le verrez un peu plus loin.

Pour amalgamer le zinc, on verse dans une soucoupe du mercure, de l'eau et de l'acide sulfurique;

on étend ce mélange avec une brosse sur le zinc, jusqu'à ce que toute sa surface soit recouverte d'une couche brillante de mercure. Ce procédé vaut mieux que celui indiqué précédemment.

Le zinc peut être un morceau de feuille de zinc du commerce sur lequel on soude un fil de cuivre ; mais il vaut mieux faire des plaques de zinc, fondues dans un creux de forme convenable, pratiqué dans un morceau de grès ramolli préalablement dans l'eau. On place dans ce moule le bout recourbé d'un fil de cuivre, et l'on verse le zinc fondu dans une cuillère de fer. Les diaphragmes en papier ont le grand inconvénient de durer peu de temps et de ne pas empêcher complétement le mélange des liquides, ce qui cause toujours une grande perte de sulfate dé cuivre. On peut faire à peu près les mêmes reproches aux membranes animales dont on se sert aussi. Pour pouvoir prolonger les expériences, il faut une matière plus solide et plus durable. On a donc confectionné des vases poreux en grès, en terre de pipe, en porcelaine dégourdie ; vous pouvez en faire d'excellents en gros plâtre de moulure nouvellement cuit ; on coule cette matière, gâchée un peu liquide, entre deux cylindres formés avec des feuilles métalliques roulées sur elles-mêmes, et fermés par des fonds mobiles, laissant entre eux environ un centimètre. Quand le plâtre est sec, on retire le cylindre extérieur dont le fond tombe ; au moyen d'un fil métallique, attaché au centre du fond du cylindre intérieur, on retire ce dernier, et alors on enlève facilement le cylindre intérieur.

Le métal ne se dispose pas uniformément sur toutes les parties du moule ; le dépôt est toujours plus épais à l'extrémité opposée au point d'attache du conducteur; on évite cet inconvénient en plaçant plusieurs conducteurs, portant le dépôt à différents points du moule.

L'appareil représenté par la figure 35 évite com-

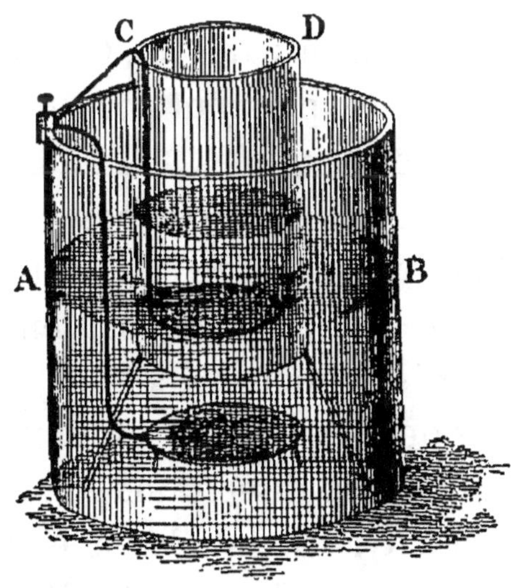

Fig. 35.

plétement cet inconvénient. C'est un vase quelconque AB, dans lequel on en place un autre CD poreux ou ayant seulement le fond poreux. Il est supporté par un trépied qui le maintient à 10 centimètres environ du fond du vase AB. Le moule est placé horizontalement sous ce support à quelques centimètres du fond du vase CD ou du diaphragme; le zinc est placé horizontalement un peu au-dessus du diaphragme. Dans le vase CD, on met de l'eau acidulée avec de l'acide sulfurique; la solution métallique est versée dans le vase AB et toujours entretenue à saturation.

Appareils composés. — Je vous ai dit déjà que les appareils composés sont ceux dans lesquels la pile, qui donne le courant électrique, est séparée du vase où se font les dépôts. On peut alors avoir un courant assez puissant pour produire des dépôts sur plusieurs moules à la fois.

Tous les appareils composés sont disposés comme l'indique la figure 36.

AB est la cuve à décomposition, dans laquelle on verse la dissolution métallique; CZ est la pile, un élément de Daniell par exemple. DD est une plaque du métal en dissolution, en communication avec le pôle cuivre de la pile; elle entretient la saturation du liquide. Les moules M sont suspendus par leur fil conducteur à une tringle de cuivre, en communication avec le pôle zinc de la pile.

Il est préférable d'avoir une cuve à décomposition partagée en plusieurs compartiments, comme

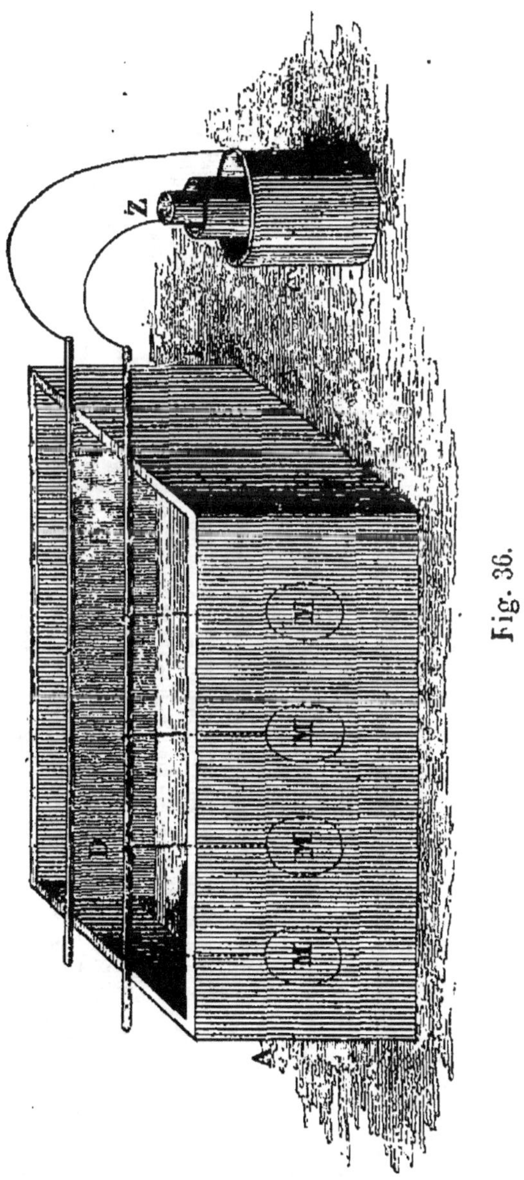

Fig. 36.

l'indique la figure 37. La cuve a six compartiments, contenant chacun un moule et une plaque

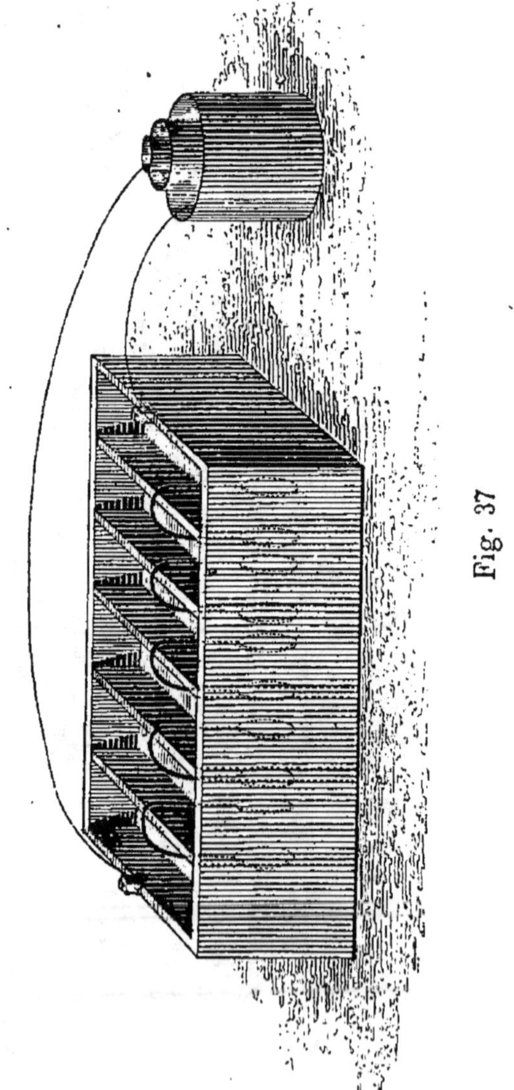

du métal en dissolution. Le moule du dernier compartiment est en communication avec le zinc de la

pile ; dans le premier compartiment est une plaque du métal en dissolution, en communication avec le cuivre de la pile. La communication entre chaque compartiment est établie par un fil métallique qui porte, à l'une de ses extrémités, un moule, et à l'autre une plaque de métal ; de sorte que chaque moule est en présence, dans le même compartiment, d'une plaque de métal.

Pour conserver une surface brillante aux médailles obtenues avec cette cuve, il faut charger l'appareil de la manière suivante : Verser la dissolution saturée de sulfate de cuivre dans les différents compartiments ; unir la plaque de cuivre du premier compartiment au cuivre de la pile ; mettre en communication, avec un fil métallique, les deux compartiments extrêmes de la cuve. Plonger seulement alors le moule en communication avec le zinc de la pile, dans le dernier compartiment. Deux minutes après, le cuivre aura commencé à se déposer sur toute la surface de ce moule. Retirer alors l'extrémité du fil qui plonge encore dans le dernier compartiment pour le plonger dans le cinquième, placer le second morceau de cuivre et le second moule, en faisant reposer le fil qui le suit sur la cloison qui sépare le sixième compartiment du cinquième. Après deux minutes, faire pour le quatrième compartiment ce qu'on a fait pour le cinquième, et ainsi de suite jusqu'à ce que les derniers moules soient en place.

Comment on peut faire soi-même des piles. — Pour faire une pile de Daniell, par exemple, mettez de la cire dans un grand pot à confiture, cylindrique, et approchez-le du feu pour faire fondre la cire. Tournez le vase pour que la cire s'attache partout à l'intérieur, et faites écouler la cire en excès. Frottez ensuite toute la cire avec de la plombagine, pour la rendre conductrice. Remplissez le vase d'une solution saturée de sulfate de cuivre, placez au milieu le diaphragme contenant de l'eau acidulée, plongez-le dans le zinc amalgamé et mettez son conducteur en communication avec la surface métallisée du vase. Deux ou trois heures après, cette dernière est entièrement couverte de cuivre. Un vase disposé comme je viens de vous le dire, et dont on se sert journellement, arrive au bout de huit jours à avoir un revêtement métallique assez résistant pour qu'il soit possible de l'extraire du vase et de s'en servir pour constituer une pile Daniell. Pour souder un conducteur à ce vase de cuivre, il suffit de bien nettoyer une des extrémités de ce conducteur, de la placer de manière qu'elle applique exactement sur la paroi du vase déjà recouverte de métal ; le dépôt fait la soudure. Ainsi donc vous pouvez faire le vase extérieur d'une pile de Daniell, le vase poreux en plâtre, couler le cylindre ou la plaque de zinc et l'amalgamer.

On fait aussi, de la même manière, des piles de Daniell dans lesquelles on ne met que de l'acide, et qui sont d'un emploi excellent pour la galvanoplastie. Elles agissent, il est vrai, deux fois moins vite, mais c'est un inconvénient largement compensé par la qualité du dépôt qu'elles donnent. On agit comme précédemment pour garnir de cuivre le vase extérieur, avec cette différence qu'au lieu d'entretenir la saturation du liquide avec des cristaux de sulfate de cuivre, on laisse agir jusqu'à ce que la dissolution soit épuisée. Par ce moyen, l'intérieur du vase est parsemé d'une multitude de petites aspérités, dont l'hydrogène se détaché facilement. Le cuivre et le zinc, dans cette pile, sont excités avec une solution d'une partie d'acide sulfurique dans dix parties d'eau.

On peut même supprimer le diaphragme, puisque le liquide qui baigne les deux métaux est le même.

Je vous indiquerai pour terminer une pile encore plus simple que la précédente, et plus facile à construire; elle n'agit pas avec autant d'énergie que celle de Daniell, mais elle a le grand avantage de donner un effet presque constant pendant plusieurs mois, et même pendant plusieurs années. C'est tout simplement un vase imperméable à l'eau, un pot à fleurs, de jardin par exemple, rempli de terre mouillée d'une dissolution concentrée de sel ammoniac. Dans cette terre, on place, à quelque distance l'une de l'autre, une plaque de cuivre et une plaque de zinc ; si l'on a besoin d'un courant énergique, on réunit plusieurs de ces piles. Quand la terre est desséchée, on la mouille de nouveau. Remarquez que le zinc n'a pas besoin d'être amalgamé, surtout si on le prend pur. Dans de telles conditions, cette pile peut être placée dans un appartement quelconque, puisqu'elle ne donne pas d'émanations acides.

Du reste, toutes les piles peuvent être excitées par une solution d'hydrochlorate d'ammoniaque au lieu d'acide ; seulement, la conductibilité de la solution métallique n'est pas aussi grande, et l'oxyde de zinc, qui se porte sur les plaques, ne serait pas dissous et entraverait certainement l'opération, si l'on ne remplaçait pas l'acide par une autre substance agissant sur cet oxyde. Plusieurs sels neutres et le sel ordinaire peuvent être employés à cet usage.

Moules. — Tout corps conducteur du courant

électrique peut être employé pour faire des moules, pourvu qu'il ne soit pas attaqué par la dissolution dans laquelle il doit être plongé, et qu'il ne réagisse pas sur le métal précipité. On peut aussi faire des moules avec des matières non conductrices, mais satisfaisant à ces dernières conditions; seulement, il faut les recouvrir d'une couche très-mince d'un corps conducteur.

Moules métalliques. — La dissolution la plus généralement employée est celle de sulfate de cuivre, sur laquelle agissent le zinc, l'étain et le fer; on ne peut donc pas s'en servir. Le platine et l'or réunissent bien toutes les conditions désirables, mais leur prix élevé en limite beaucoup l'emploi. Il ne reste donc que l'argent, le cuivre et le plomb; mais, comme le premier de ces métaux ne peut être précipité que par le platine et l'or, on l'emploie pour réduire les métaux, quand on veut que le dépôt soit d'une grande pureté.

Moules en alliages fusibles. — Pour faire des moules avec la soudure des plombiers (plomb et étain), on verse cet alliage en fusion sur une feuille de papier placée sur un morceau de drap; on applique la médaille à copier sur l'alliage ; on pose par-dessus la médaille une planchette de bois, et on frappe dessus un coup sec. M. Charles Walker.

12

secrétaire de la Société électrique de Londres, a donné le moyen suivant :

Mettre dans une cuillère de fer bien propre, pour les faire fondre :

Bismuth.	8 parties.
Étain	4 —
Plomb.	5 —
Antimoine.	1 —

Ne les laisser sur le feu que le temps nécessaire pour déterminer leur fusion complète, et verser le métal goutte à goutte sur un morceau de papier ou de marbre. Nettoyer la cuillère et recommencer l'opération comme précédemment. Quand on a soumis l'alliage à trois fusions successives, toujours après nettoyage de la cuillère et en retirant du feu dès que le métal est fondu, on obtient avec ce métal des moules brillants qui ne s'oxydent pas.

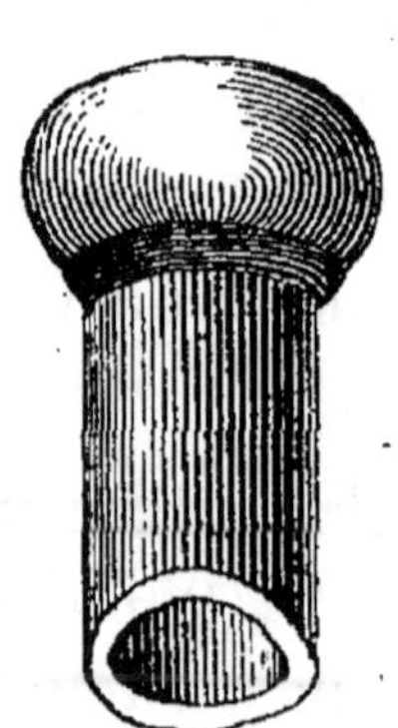

Fig. 38.

Tourner un manchon cylindrique de bois (fig. 38), et creuser, à l'une de ses extrémités, une cavité du diamètre exact de la médaille et un peu moins profonde que son épaisseur. Faire entrer dans ce creux la médaille dont on veut avoir un moule, et l'assujettir, s'il le faut, avec un peu de papier. Placer sur une table une petite capsule de

fort papier ayant des bords de 6 à 8 millimètres
de hauteur, huiler légèrement le fond de cette capsule et verser dedans une certaine quantité d'alliage en fusion. Remuer le métal avec deux cartes
jusqu'à ce qu'il prenne une consistance pâteuse, et
qu'il paraisse sur le point de se solidifier. Avoir
une gaîne cylindrique de carton de 7 à 8 centimètres
de hauteur, et d'un diamètre plus grand que celui
du mandrin, la placer vivement au-dessus de la
capsule, et, prenant rapidement le mandrin, frapper
un coup léger et bien d'aplomb sur le métal contenu dans la capsule. La gaîne de carton a pour
but d'empêcher le métal de s'éparpiller au moment
de la percussion, et d'attendre l'opérateur.

Moules plastiques. — On fait ces moules en cire
à cacheter, en cire vierge, en stéarine, en papier,
en plâtre, en soufre, en gutta-percha et en gélatine.

Moules en cire à cacheter. — Il faut employer
de la cire fine, c'est-à-dire celle faite avec de la
gomme laque et de la térébenthine de Venise. On
fait fondre à la flamme d'une bougie un bâton de
cire à cacheter, et on fait tomber la cire fondue
goutte à goutte sur une carte. Quand on en a une
quantité suffisante, on éteint, on remue pour chasser les bulles d'air, et on applique l'objet que l'on
veut reproduire en le maintenant sur la cire avec

une forte pression. Si l'objet est en métal, on le sépare facilement de la cire ; mais s'il n'est pas métallique, il faut plonger le tout dans l'eau froide ; s'il est en bois, on a dû, avant de l'appliquer sur la cire, le frotter avec de l'huile d'olive.

Moules en cire vierge. — On emploie la cire blanche ordinaire ou des bouts de bougies, que l'on fait fondre dans un pot en terre, maintenu près du feu quand la fusion est complète ; la médaille à reproduire est chauffée pour éviter que la cire ne se fige pendant l'opération. On entoure cette médaille d'un rebord formé avec un morceau de carton, arrêté dans sa position par un fil. On enduit d'huile d'olive la surface à reproduire et on verse la cire fondue, qu'on laisse refroidir pendant cinq ou six heures.

Moules en stéarine. — La stéarine est d'un emploi plus facile que la cire vierge. Mais, comme la cire, la stéarine et les substances analogues éprouvent un retrait considérable en se refroidissant ; aussi emploie-t-on le plus souvent des mélanges qui éprouvent beaucoup moins de retrait.

On mêle, dans différentes proportions, la cire vierge, le blanc de baleine, la graisse de mouton, la plombagine, etc. Cette dernière matière donne une certaine conductibilité au moule.

Voici quelques compositions souvent employées :

1° 32 parties de blanc de baleine.
   7   —   de cire vierge.
   7   —   de graisse de mouton.
   Une petite quantité de carbure de fer ou plomba-
     gine.
2° Cire et stéarine parties égales, plombagine lavée et
tamisée une demi-partie.
3° Cire blanche et blanc de céruse broyés très-fin.

Moules en plâtre. — On emploie du plâtre très-
fin et surtout très-frais, c'est-à-dire nouvellement
cuit. On ne peut le conserver bon pendant quelque
temps qu'en le renfermant dans un vase à l'abri
de l'air, dont il prend l'humidité. On se sert d'un
vase à bec dans lequel on met de l'eau ; on y jette
ensuite le plâtre peu à peu et l'on fait couler l'eau
qui surnage ; il reste assez de liquide dans le plâtre pour qu'il puisse être coulé. Avec un pinceau
en poil de chameau, on étend une petite quantité
de plâtre, ainsi préparé, sur toutes les parties de
la médaille, pour chasser les bulles d'air ; et on
verse assez de plâtre par-dessus pour donner au
moule une épaisseur convenable. La médaille,
préalablement huilée, se détache facilement du
moule, lorsque ce dernier est bien sec. Les moules
en plâtre sont ensuite imprégnés de cire, de suif
ou de stéarine, en les plongeant dans un vase contenant ces matières en fusion.

Moules en soufre. — On obtient, avec le soufre, des moules d'une grande finesse ; on les fait comme ceux en cire.

Moules en gutta-percha. — Cette matière, qui s'emploie beaucoup aujourd'hui, a toutes les qualités nécessaires pour faire des moules excellents ; elle est souple à froid, molle à chaud et inattaquable par les acides. Mais, comme avec elle on n'obtient guère des empreintes que par la compression, il faut que l'objet que l'on veut reproduire soit assez résistant pour supporter une forte pression. L'immense avantage de la gutta-percha est surtout de pouvoir être retirée des creux du modèle qui sont d'un dépouillement difficile, c'est-à-dire qui sont plus larges au fond qu'à l'entrée. Elle cède momentanément et reprend aussitôt la forme du creux dans lequel on l'a fait pénétrer à une température suffisante pour la rendre molle.

Moules en gélatine. — Quand les modèles sont en plâtre ou en cire, par exemple, ils ne présentent pas une résistance suffisante pour pouvoir supporter la pression ; on emploie la gélatine. Cette matière est encore d'un dépouillement plus facile que la gutta-percha et permet d'exécuter les reproductions des objets les plus fouillés. Mais elle s'altère facilement dans les acides, et il faut avec elle obtenir un dépôt rapide, ce qui donne toujours un métal cassant. Pour la rendre un peu moins attaquable, on ajoute à sa dissolution dans l'eau chaude, 2 pour 100 d'acide tannique dissous dans l'alcool, et 10 pour 100 de mélasse. En outre, on vernit toujours les moules en gélatine.

Clichages. — On obtient d'excellents moules par le clichage, soit par compression, soit par fusion. Ainsi, des lames d'argent ou de plomb peuvent recevoir des empreintes d'une pureté extraordinaire par percussion à froid, en frappant l'objet que l'on veut copier, soit avec le poing, soit avec un marteau.

Moules obtenus par la galvanoplastie. — Enfin on peut, au moyen d'un dépôt métallique fait sur l'objet à copier, obtenir des moules d'une délicatesse extrême.

Précautions à prendre pour copier un modèle en plâtre. — Quand un modèle est en plâtre, il faut, avant de le mouler, lui faire absorber à saturation de l'eau chaude. Pour cela, on verse de l'eau bouillante dans un vase d'une forme telle que l'on puisse placer le modèle la face en dessus, et de manière que l'eau ne puisse l'atteindre. Au bout de quelques minutes, le plâtre est complétement imbibé d'eau, la surface supérieure exceptée. Alors, sans perdre de temps, on retire la médaille, par exemple, on l'entoure d'un carton, comme pour faire un moule avec de la cire vierge, et l'on verse immédiatement la composition fondue. Au bout de plusieurs heures de refroidissement, on peut séparer facilement le moule du modèle.

Rendre conductrice de l'électricité ou métalliser les parties des moules qui doivent recevoir les dépôts métalliques. — Les moules plastiques, dont je viens de vous parler, ne sont pas conducteurs de l'électricité. Il faut métalliser les parties qui doivent recevoir les dépôts métalliques. La couche conductrice doit être excessivement mince, pour n'altérer que le moins possible les reliefs et les creux des objets que l'on veut reproduire. On métallise les moules, soit avec des poudres, soit avec des solutions.

Métallisation avec des poudres. — De toutes les poudres sèches employées, la plombagine, graphite ou mine de plomb, est la meilleure. Que la dernière appellation de cette matière, mine de plomb, ne vous fasse pas croire que le plomb joue un rôle quelconque dans cette substance, car elle ne se compose que de fer et de carbone ; c'est un carbure de fer. Quoi qu'il en soit, il faut de la plombagine très-fine ; ce qui n'a pas lieu en général pour celle que l'on trouve dans le commerce. Celle qu'on vend pour nettoyer les objets en fonte ou en tôle de fer, quoique très-bonne pour conduire l'électricité, contient toujours du plâtre ou du charbon. On en trouve de préparée pour la galvanoplastie chez tous les marchands de produits chimiques et d'appareils électriques; elle doit être légère, pas trop dure au toucher, nette, unie, luisante et d'un grain fin et serré. On l'applique avec un pinceau en blaireau, qui porte la plombagine dans les parties les plus fouillées; on frotte ensuite avec une brosse très-douce, pour enlever ce qu'il y a de trop et rendre la surface brillante.

On métallise de la même manière tous les moules plastiques; cependant, pour ceux en cire à cacheter, il faut, pour déterminer l'adhérence de la plombagine, humecter légèrement l'empreinte avec de l'esprit-de-vin, ou l'exposer aux vapeurs d'éther.

On emploie quelquefois des poudres de cuivre et des poudres d'argent, que l'on n'obtient que par des manipulations assez compliquées.

Métallisation avec des solutions. — On applique sur le moule toute la quantité de solution de nitrate d'argent qu'il peut garder, et on laisse le liquide s'incorporer en pleine lumière. On répète l'opération jusqu'à ce qu'on ait obtenu une couleur uniforme d'un beau noir; mais, pour que le nitrate d'argent mouille parfaitement le moule, il faut laver légèrement la surface de ce dernier avec de l'ammoniaque faible. Cette métallisation, et beaucoup d'autres semblables qui ont été essayées, ne réussissent pas toujours ; l'emploi de la plombagine est bien préférable.

Fixer les conducteurs aux moules. — Pour établir la communication du pôle négatif de l'appareil voltaïque avec un moule, on soude à ce dernier un fil ou une petite bande de cuivre.

Si le moule est en métal fusible, on nettoie bien l'extrémité du conducteur à souder, on le fait chauffer dans la flamme d'une chandelle, mais sans mettre le bout nettoyé dans la flamme, on touche le bout avec un peu de résine et on appuie sur le bord du moule. Ce dernier fond et, en se refroidissant, retient solidement le conducteur.

On peut aussi faire une véritable soudure de la manière suivante : On a dans un flacon bouché à l'émeri du chlorure de zinc obtenu en attaquant ce métal avec de l'acide hydrochlorique et évaporant jusqu'à consistance sirupeuse. On humecte légèrement, avec un pinceau trempé dans le chlorure de zinc, les deux parties à souder ; avec un fer à souder, chauffé et passé sur de l'étain, on étame ces deux parties ; les mettant alors l'une sur l'autre et les chauffant avec le fer à souder, on termine la soudure. Au lieu de chlorure de zinc, on peut employer la stéarine, mais alors il faut nettoyer les parties à souder. On les chauffe ensuite à la flamme d'une lampe à esprit-de-vin, on passe dessus un peu de stéarine et on met par-dessus une petite feuille d'étain qui se combine immédiatement. On place alors les deux parties à souder en contact en les maintenant avec une pince plate ; on les expose à la flamme de la lampe pour faire fondre l'étain, et on les retire en les tenant en contact jusqu'au refroidissement de l'étain.

Pour souder des conducteurs aux moules plastiques, on nettoie bien l'extrémité à souder et on la fait pénétrer dans le moule, soit en la chauffant si le moule est en cire ou en stéarine, soit en la fixant avec de la stéarine dans un trou fait pour la recevoir. Dans tous les cas, il faut métalliser la partie du moule qui va du conducteur, ou des conducteurs s'il y en a plusieurs, à la surface métallisée.

Vernir les parties des moules qui ne doivent pas recevoir les dépôts métalliques. — Le dépôt métallique ne doit se faire que sur les parties que l'on veut reproduire ; toutes les autres doivent être préservées par une couche de vernis, surtout quand le moule est en métal. Le meilleur vernis se fait avec de la cire à cacheter fine, dissoute dans l'esprit-de-vin.

Bains métalliques. — *Bains d'or.* — 10 parties de cyanure de potassium, 1 partie de cyanure d'or dans 100 parties d'eau distillée.

1 partie de cyanure d'or, 15 parties d'hyposulfite de soude sur 150 parties d'eau. ·

Et beaucoup d'autres qu'il serait trop long d'énumérer.

On obtient différentes nuances d'or en attachant au pôle positif des lames d'alliage d'or et d'argent ou de cuivre; on peut aussi produire des dépôts brillants ou mats.

Bains d'argent. — On prépare les bains d'argent comme ceux d'or, en remplaçant seulement le cyanure ou l'oxyde d'or par du cyanure ou de l'oxyde d'argent.

Bains de platine. — 100 parties d'eau distillée, 1 partie de chlorure de platine, 2 parties de cyanure de potassium; ce bain s'emploie à la chaleur de 80 à 90°.

Bains de cuivre. — Dissolution saturée de sulfate de cuivre dans de l'eau, à laquelle on ajoute 1 pour 100 d'acide sulfurique, pour rendre le bain plus conducteur de l'électricité.

Bains de plomb.—Acétate de plomb très-étendu, acidulé avec une petite quantité d'acide nitrique.

Dans les applications de la galvanoplastie, je reviendrai sur ces bains, dont je ne vous donne qu'une idée.

Observations pratiques sur les dépôts métalliques. — L'intensité du courant, le degré de concentration et de conductibilité du bain métallique, sa température ; la disposition et la grandeur relative entre la plaque de zinc et le moule dans les appareils simples, et entre la plaque du métal en dissolution et le moule, dans les appareils composés ; la distance entre le moule et le zinc ou la plaque de métal ; toutes ces causes, séparées ou combinées entre elles, ont une influence immense sur la nature des dépôts, et il faut une grande expérience pour apprécier la cause des déceptions sans nombre qu'éprouvent toujours ceux qui commencent. Il y a aussi des procédés indiqués par l'expérience qu'il faut connaître : ainsi, par exemple, il ne faut pas plonger un moule en métal fusible dans la dissolution avant que la pile soit en action, parce que ce liquide agirait d'abord chimiquement sur le métal du moule et déposerait à sa surface un oxyde de couleur foncée ; on doit plonger le moule en dernier lieu. En agissant ainsi, toute la surface du moule est immédiatement couverte de métal aussitôt qu'il est plongé dans le bain métallique, et le dépôt d'oxyde n'est plus à craindre. Cet effet est si instantané que le métal du moule n'a pas le temps d'être mouillé; quand on le sépare du dépôt, on le trouve aussi brillant qu'avant son immersion.

Il n'en est pas de même pour les moules recouverts de plombagine; la couche conductrice est tellement mince qu'elle ne peut transmettre une quantité de fluide assez grande pour produire cet effet. Le dépôt commence auprès du conducteur et s'étend peu à peu sur toute la surface. En détachant le dépôt, on trouve la surface du moule salie, et le dépôt entraîne, en beaucoup d'endroits, la plombagine. Il y a des précautions à prendre pour ne pas avoir un mauvais dépôt en commençant, parce que toute l'énergie de la pile se concentre sur un point. M. Walker conseille, pour éviter ce grave inconvénient, de mettre d'abord, dans la cuve à décomposition, devant le moule, seulement un fil du métal en dissolution, et de ne placer la plaque que quand le moule est complétement couvert. On évite encore cet inconvénient, soit en enroulant sur le fil conducteur des fils plus fins que l'on fait aboutir à différents points de la surface à métalliser, dans les coins surtout, soit en diminuant l'énergie de la pile, en soulevant le zinc à une certaine hauteur.

Si la pile est trop puissante et qu'il s'agisse d'un bain de cuivre, elle produira un dépôt en poudre brune; si elle est trop faible, le dépôt sera rouge, cassant et formé de cristaux agglomérés. Le même effet a lieu quand la plaque de cuivre, en présence du moule, est trop grande ou trop petite par rapport à ce moule ; dans le premier cas, il y a production simultanée d'hydrogène et de cuivre, ce qui donne pour dépôt une poudre brune. Il en est de même quand le bain métallique contient trop d'acide ou pas assez de sulfate de cuivre. Pour remédier à ces inconvénients, on diminue l'action de la pile ; on met une plus petite plaque de cuivre devant le moule, ou on place la plaque de cuivre à une plus grande distance du moule. Une seule ou plusieurs de ces modifications peuvent être employées.

Quand la pile est trop faible, ou que la plaque de cuivre est trop petite, ou que le moule est trop grand, ou que le bain ne contient pas assez d'acide ou trop de sulfate de cuivre, ou quand la température est faible, le cuivre se dépose très-lentement, et il est cassant, cristallisé et d'un brun rouge. L'expérience seule peut indiquer les dispositions à prendre pour changer la nature du dépôt.

Beaucoup d'opérateurs conseillent de n'employer que des bains élevés à une certaine température, et continuellement agités, pour que la densité du liquide soit la même partout. Il est certain que c'est le seul moyen d'avoir des dépôts égaux en épaisseur.

APPLICATIONS DE LA GALVANOPLASTIE

Les applications de la galvanoplastie proprement dite sont nombreuses.

Applications à l'imprimerie. — Au point de vue de l'imprimerie ou de la typographie, la galvanoplastie donne les moyens de produire des moules excellents, pour clicher les formes.

Elle est employée aussi pour couvrir les gravures faites sur bois, d'une couche métallique assez mince pour n'altérer que très-peu la finesse du dessin, et cependant assez dure pour permettre de tirer un nombre d'exemplaires bien plus considérable qu'on ne peut le faire avec le bois seul. On peut même transformer les gravures faites sur bois en gravures sur cuivre, en prenant d'abord une empreinte galvanoplastique de la gravure et en faisant de la même manière une contre-épreuve qui reproduit exactement la gravure. Mais, comme les dépôts métalliques sont toujours dispendieux, quand on emploie les moyens dont je viens de vous parler, les moules sont faits le plus souvent en gutta-percha.

Alors, avec une seule gravure faite sur bois, il

est facile d'avoir autant de clichés exacts de cette gravure qu'on le désire et d'arriver à un tirage illimité.

Application à la gravure en taille-douce ou en taille d'épargne. — Pour la gravure sur métaux, elle est aussi précieuse : elle donne une empreinte d'une fidélité complète, avec laquelle il est possible de produire des exemplaires de la gravure mère en aussi grand nombre qu'on le veut. L'œuvre de l'artiste ne s'altère plus par le tirage, puisque les reproductions servent seules pour cette opération ; le nombre des épreuves que l'on peut obtenir est indéfini, et les dernières conservent toutes les beautés des premières. Ce moyen de reproduction est aussi applicable aux gravures sur pierre, qui ne sont susceptibles que d'un tirage très-restreint.

Quand on ne veut pas reproduire les planches de cuivre et cependant obtenir un tirage illimité, la galvanoplastie permet de les recouvrir d'une couche très-mince de fer ; cette opération se nomme *aciérage des plaques de cuivre gravées.* Le dépôt de fer a lieu dans un bain de chlorure double d'ammoniaque obtenu de la manière suivante :

On fait dissoudre 20 grammes de sel ammoniac dans 100 grammes d'eau, et l'on met dans cette dissolution deux plaques de fer en communication, chacune, avec l'un des pôles d'une forte pile. Au bout de quelques heures, la dissolution ammoniacale est saturée de fer et prête à être employée.

On a aussi trouvé plusieurs procédés pour faire des planches gravées par le seul moyen des dépôts métalliques; ils ont beaucoup de rapports avec la lithographie, c'est-à-dire que l'on dispose la plaque à graver de manière à ce que certaines parties soient en quelque sorte mouillées par le mercure, par exemple, et le retiennent, alors que d'autres, sur lesquelles on a dessiné avec une encre grasse, ne le retiennent pas. Les épaisseurs, produites par le mercure retenu, produisent, soit les creux, soit les reliefs de la planche, obtenue ensuite sur cette espèce de moule au moyen de la galvanoplastie.

Application de la galvanoplastie aux arts. — Au moyen de la galvanoplastie, on peut reproduire, avec une exactitude scrupuleuse, bien des chefs-d'œuvre et les répandre dans les musées de province, pour qu'ils soient sous les yeux de tous les ouvriers. Les splendides armures ciselées, les magnifiques travaux d'orfèvrerie, les gravures et les ciselures anciennes, qui sont la propriété des États puissants et riches, pourraient tous être reproduits et multipliés, non pas peut-être avec le même métal, mais en cuivre, par exemple; ces reproductions auraient la même valeur artistique.

Le naturaliste, en les recouvrant d'une couche

métallique excessivement mince, peut conserver dans leurs formes naturelles une grande quantité de plantes et d'insectes.

Par les quelques applications dont je viens de vous parler, vous pouvez comprendre comment la galvanoplastie contribue à vulgariser les sciences et les arts, en permettant de donner à bon marché les ouvrages écrits par les auteurs les plus célèbres, les illustrations des meilleurs dessinateurs et les gravures des plus grands artistes.

Les services que la galvanoplastie rend aux arts industriels sont inimaginables ; partout on la trouve prêtant son aide. Ainsi, pour prendre un exemple entre mille, elle a fait accomplir des pas immenses à l'industrie des fleurs artificielles, en permettant de prendre, sur la nature elle-même, l'empreinte du dessus et du dessous des feuilles et de faire avec ces empreintes des instruments parfaits donnant des fleurs artificielles d'une exactitude complète. Ces instruments, nommés *gaufroirs*, avant l'invention de la galvanoplastie, étaient non-seulement très-chers, mais laissaient toujours à désirer. Elle permet encore de recouvrir d'une couche métallique des fruits, des légumes, des animaux. Pour conserver les plantes ou les animaux ainsi recouverts, on les soumet à une chaleur suffisante pour les faire complétement dessécher et même carboniser; il faut alors laisser ou pratiquer un passage aux gaz qui se trouvent dans l'intérieur.

Si l'on veut reproduire ces objets, on donne une plus grande épaisseur au dépôt; on le partage ensuite en deux parties et, dans le creux formé par la réunion de ces parties, on coule un métal ou une matière plastique quelconque, ou encore on fait déposer un métal au moyen de la pile. Ces modèles, d'une exécution parfaite et facile, ont beaucoup servi à faire avancer les arts industriels.

ÉLECTRO-MÉTALLURGIE

Si nous sortons de la galvanoplastie proprement dite pour considérer la question au point de vue plus général des dépôts métalliques, les applications deviennent bien plus étendues encore et constituent à elles seules des industries ou tout au moins des branches d'industrie très-importantes.

Application de l'électro-métallurgie à l'art du fondeur. — Pour obtenir un objet quelconque en fonte de fer, de cuivre, de zinc, etc., on fait ordinairement un modèle en bois, représentant la pièce à fondre sous des dimensions un peu plus grandes, pour compenser le retrait du métal; avec ce modèle, on fait un moule en sable composé de plusieurs parties, si cela est nécessaire pour retirer le modèle ; c'est dans le moule en sable que se coule le métal. Pour fondre une statue, on procède à peu près de la même manière : le sculpteur fournit le modèle en terre ou en cire, sur lequel on tire une épreuve en plâtre, et c'est sur cette dernière que l'on fait le moule en sable. Le plus souvent, le modèle, retiré du moule, est remplacé par une espèce de noyau en sable ayant à peu près la forme de la statue à couler, mais dans des dimensions plus petites. Par-dessus se montent les différentes parties du moule, et le métal est coulé dans l'intervalle qui sépare le noyau du moule. On obtient ainsi une statue creuse à l'intérieur, ce qui économise considérablement le métal.

L'électro-métallurgie procède différemment : On fait sur le modèle fourni par le sculpteur le moule en plâtre, que l'on recouvre intérieurement de plombagine avec le plus grand soin ; on le plonge ensuite dans la dissolution de cuivre, par exemple, et l'on fait passer le courant électrique. Quand on juge que le dépôt est assez épais, on retire le moule et il reste une représentation exacte du modèle. Pour la reproduction des statues, grandes ou petites, on a commencé par les faire en plusieurs parties, soudées ensuite les unes aux autres ; puis on les a reproduites en entier, sans avoir recours aux soudures. On fait un moule composé de plusieurs pièces, pour pouvoir retirer le modèle; on remplace ce dernier par une espèce de carcasse en fil de cuivre ayant à peu près les dimensions de la statue, mais ne touchant en aucun endroit le moule que l'on monte par-dessus, après avoir recouvert avec soin chacune de parties qui le composent. Les joints sont ensuite recouverts de plâtre; on ménage des ouvertures qui permettent au bain de pénétrer facilement dans l'intérieur du moule; l'armature en fil de cuivre est destinée à porter le dépôt dans toutes les parties du moule, à entretenir la saturation liquide. Mais ces fils étaient promptement détruits et le courant s'arrêtait. M. Lenoir a remplacé les fils solubles par des fils de platine, qui sont insolubles; il a évité ainsi tous les premiers inconvénients; mais alors, la carcasse des fils de platine dégage continuellement du gaz hydrogène, auquel il faut ménager la sortie du moule, en pratiquant des ouvertures dans les points culminants dudit moule. Les fils de la carcasse sont en général reliés à quelques fils plus gros, remplissant les fonctions d'axe et isolés, à la sortie de ces moules, par de petits tubes en verre. Tous ces fils, gros et petits, sont en communication avec le pôle cuivre ou charbon de la pile et le moule avec le pôle zinc.

Cuivrage galvanique. — Quoique les bains acides de sulfate de cuivre ne puissent pas servir pour déposer du cuivre adhérent à la surface des métaux, et qu'en outre ils attaquent le fer, l'acier, la fonte et le zinc, M. Oudry les a cependant employés au cuivrage de la fonte de fer, destinée à l'ornementation des rues et des places publiques. Mais il recouvre préalablement les pièces à cuivrer d'un vernis isolant, composé de matières résineuses, qui rend inutile le décapage de la fonte. Ce vernis, après avoir été bien séché, est frotté avec de la plombagine; ce n'est qu'après cette opération que les pièces sont placées dans le bain de sulfate de cuivre. Les grandes fontaines de la place de la Concorde, celle de la place Louvois et presque tous les candélabres des rues principales de Paris ont été cuivrés ainsi.

Application de l'électro-métallurgie pour l'extraction des métaux. — On a fait beaucoup d'expériences, on a annoncé souvent des résultats obtenus; mais, en fin de compte, on n'a pas encore un moyen susceptible d'être employé en grand et occasionnant moins de dépenses que les anciens procédés.

Dorure et Argenture. — Brugnatelli et De Larive sont les premiers qui se soient occupés de déposer l'or au moyen de la pile. De Larive surtout obtint, en 1840, des résultats qui attirèrent l'attention et indiquèrent la voie à suivre. Mais, c'est à M. Elkington que l'on doit la découverte de l'argenture et de la dorure au moyen d'un courant galvanique; ses procédés furent mis en pratique par lui-même en Angleterre, et par M. Christofle en France. Leurs travaux ont servi de point de départ à la création de l'industrie qui porte leur nom.

Je ne vous dirai que quelques mots sur cette question, qui sort du cadre de ces entretiens.

Avant tout, il faut nettoyer ou décaper avec le plus grand soin les pièces sur lesquelles on veut agir; de cette opération dépend le succès de celles suivantes. Ce décapage est différent suivant la nature du métal à nettoyer; ainsi, par exemple, pour le cuivre et ses alliages, on emploie exclusivement des agents chimiques, tandis que pour l'argent, le fer et les alliages d'étain, il faut opérer mécaniquement et chimiquement. Dans le premier cas, si les pièces sont en alliage de cuivre fondu, on commence par les *recuire*, de manière à faire disparaître les corps gras laissés par les derniers travaux auxquels elles ont été soumises. Si ces pièces sont en laiton, tourné ou travaillé au marteau, le recuit est remplacé par le *décrassage* dans une lessive concentrée de carbonate de soude.

Pour enlever les couches d'oxyde produites par
la recuisson ou le décrassage, on trempe les pièces
dans un bain composé de 10 litres d'eau et de
1 litre d'acide sulfurique à 66°, chauffé pour les
petits objets, mais froid pour les grands; c'est ce
qu'on nomme le *dérochage*. Après cette opération,
les pièces sont lavées et portées dans les *bains de
décapage*, au nombre de deux. Le premier est simplement de l'eau-forte qui a servi longtemps au
même usage et que l'on ravive, quand il est nécessaire, avec de l'acide neuf; le second, qui prend
plus particulièrement le nom de *blanchiment*, est
composé de :

> 10 parties d'acide nitrique,
> 10   —   d'acide sulfurique,
> 1   —   d'acide chlorhydrique ou de sel marin.

On passe seulement les pièces dans ces bains;
on les lave ensuite, on les égoutte, et on peut les
porter immédiatement à la dorure.

Dans le second cas, c'est-à-dire quand les pièces
sont en argent, en fer, en zinc ou en alliage d'étain,
on remplace l'action des acides par le *ponçage*,
fait sous un filet d'eau avec une brosse et de la
pierre ponce réduite en poudre très-fine. Parfois
cette opération est précédée, surtout quand il s'agit
de fer ou de zinc, d'un décrassage dans une lessive
de potasse; et même, pour les objets en fer, le

ponçage est remplacé par un décapage chimique, obtenu en trempant les pièces, au sortir du bain de potasse, dans un bain d'eau seconde d'acide sulfurique à 10 degrés, contenant 40 0/0 de protochlorure d'étain par litre. Les pièces peuvent rester quelque temps dans ce bain, sans même que le brillant de l'acier poli, par exemple, soit diminué.

Dorure. — On peut faire de la dorure à chaud ou à froid, le bain est le même dans les deux cas; à chaud, la dorure est toujours plus riche de ton et peut se passer de *mise en couleur;* à froid, il faut avoir recours à cette dernière opération. Aussi, on n'emploie guère aujourd'hui que des bains chauffés par la vapeur, quelle que soit la grandeur des objets sur lesquels on opère.

Les bains sont formés de cyanure double d'or et de potassium, dissous dans un excès de cyanure de potassium.

Avant d'être mises dans le bain, les pièces sont lavées dans l'alcool, passées ensuite dans de l'eau seconde faible, puis passées dans un bain de nitrate acide de mercure à 4 0/0 et, enfin, rincées à grande eau. Dans le bain d'or plonge une lame d'or en communication avec le pôle positif de la pile.

Tous les métaux peuvent se dorer; cependant, pour l'acier, il faut un bain plus concentré, ou mieux un cuivrage préalable, ce qui se fait du reste pour plusieurs autres métaux.

On peut, en préservant certaines parties des objets à dorer par du vernis, faire ce qu'on nomme des *réserves* ou *épargnes*, qui contribuent beaucoup à la décoration des pièces.

On obtient de l'or vert en ajoutant au bain d'or une dissolution de cyanure double de potassium et d'argent, et en remplaçant la lame d'or en communication avec le pôle positif de la pile par une lame d'or allié. Pour l'or rouge, on ajoute au bain d'or une dissolution de cyanure de potassium et de cuivre. En général, les pièces sortent du bain d'or avec une couleur terne qui ne serait pas acceptée par le commerce; aussi on les met en couleur et on les brunit au moyen de pierres dures ou d'outils en acier parfaitement polis.

Argenture. — Le bain employé est une dissolution de cyanure double de potassium et d'argent, dissous dans un excès de cyanure de potassium. Je ne vous donne pas les différents moyens employés pour obtenir les différents éléments des bains d'or et d'argent, le cadre de ces entretiens ne le permet pas.

Le dépôt d'argent fait dans les cyanures est ordinairement mat. M. Elkington, auquel cette admirable industrie doit tant de découvertes utiles, est parvenu à obtenir des dépôts brillants en ajoutant au bain d'argent un peu de sulfure de carbone.

Dédorage et désargentage. — Une pièce manquée ou usée, qui doit être redorée ou réargentée, est toujours préalablement dédorée ou désargentée. On se sert, pour cette opération, de bains dans lesquels l'or ou l'argent seul se dissout, le métal au-dessous restant intact. Du reste, on peut dédorer et désargenter avec la pile, dans une solution de cyanure concentrée; mais il faut intervertir les pôles, c'est-à-dire que la pièce à dédorer ou à désargenter doit être mise en communication avec le pôle positif de la pile.

Étamage et zingage électro-chimiques. — Pour préserver de l'oxydation le fer, la fonte et beaucoup de petits articles en cuivre, tels que les épingles, on les recouvre d'une couche d'étain. Pour cela, on les plonge, avec des fragments de zinc, dans un bain composé dans les proportions suivantes :

100 litres d'eau,
1 kilogramme de pyrophosphate de soude,
10 grammes de protochlorure d'étain fondu.

Quand il s'agit de petits objets, l'emploi de la pile devient très-dispendieux. Les vieux bains, qui contiennent une grande quantité de pyrophosphate de zinc, sont décantés et se mettent dans des tonneaux, appelés *baquets de conservation*, dans lesquels on dépose les objets décapés avant de les placer dans les bains d'étain.

On a cherché aussi à couvrir de zinc les pièces à préserver de l'oxydation, mais ce qu'on nomme aujourd'hui la *galvanisation du fer*, et dont je vais vous dire quelques mots tout à l'heure, a remplacé avec avantage tous les moyens électro-chimiques.

DÉPÔTS MÉTALLIQUES DIRECTS

Dorure et argenture. — Ce sujet sort complétement de l'objet de ces entretiens, aussi je ne ferai que vous indiquer les procédés employés.

Dorure par immersion. — On employa d'abord le chlorure d'or, aussi neutre que possible; mais l'acide, rendu libre par la décomposition du sel d'or, attaquait les objets, et ce procédé ne put servir que pour dorer de petites pièces d'horlogerie. M. Elkington, en substituant aux chlorures des carbonates alcalins, parvint à dorer par immersion des bijoux et de petits objets en cuivre estampés. Cependant, la petite quantité d'or déposée, 1 gramme et demi et même un demi-gramme par kilogramme de bijoux, ne permit pas d'appliquer ce procédé à la dorure des pièces d'une certaine dimension.

Argenture par immersion. — On n'argente par immersion que des objets de peu de valeur. On exécute cette opération en plongeant les pièces décapées dans un bain de cyanure double de potassium et d'argent, à la température de l'ébullition.

Dorure au mercure. — Cette industrie, qui avait encore une immense importance il y a quelques années, tend à disparaître complétement; elle est trop dangereuse pour les ouvriers qui la pratiquent: les vapeurs mercurielles au milieu desquelles ils vivent détruisent vite leur santé.

L'alliage de cuivre, sur lequel s'appliquait l'amalgame d'or, devait être aussi riche que possible en cuivre. M. Darest, dont les travaux furent si précieux pour cette branche de l'industrie, composa l'alliage suivant, qui était généralement employé :

82 parties de cuivre, 18 de zinc, 1 d'étain et 3 de plomb.

L'amalgame d'or, contenant 9 à 11 parties d'or pour 91 à 89 de mercure, était appliqué sur la pièce à dorer au moyen d'un pinceau en fils de laiton, trempé dans du nitrate de mercure étendu. Quand elle paraissait bien blanche partout, on la mettait sur un feu vif pour faire évaporer tout le mercure. L'or contenu dans l'amalgame restait sur la pièce.

Il y a dans la préparation de l'amalgame, sa mise sur la pièce et dans le passage de cette dernière au feu, une foule de manipulations dont je ne puis vous parler.

Les pièces ainsi dorées sont ensuite mises en couleurs, brunies ou passées au mat.

Dorure et argenture à la feuille. — Pour dorer le bois, le plâtre, le carton-pierre, etc., on recouvre ces matières d'un mordant, appelé *or couleur*, et on applique dessus l'or en feuille. L'or qui couvre les parties non enduites de mordant et qui ne doivent pas être dorées, s'enlève facilement en frottant légèrement. Il suffit ensuite de passer sur la pièce un vernis gras, ou de brunir les parties dorées.

On applique aussi l'or en feuille de la même manière sur les métaux; mais alors on emploie un mordant appelé ***vernis mixtion***, et l'on couvre ensuite la pièce dorée d'un vernis au copal. On donne une plus grande solidité à la dorure à la feuille en la séchant au feu; on cuit alors le vernis et la feuille d'or à la température de 150 degrés.

L'argenture à la feuille peut se faire de la même manière, mais elle est peu employée. On se servait autrefois d'un procédé très-dispendieux, qui a été abandonné.

Plaqué d'argent. — Le plaqué est du cuivre recouvert d'une feuille d'argent plus ou moins épaisse. Sur un lingot de cuivre rouge préalablement recouvert d'azotate d'argent, on soude une feuille d'argent fin, et on passe le tout au laminoir.

Les plaques ainsi obtenues servent surtout à faire des ustensiles de table. Cette industrie, qui date de 1742, était très-limitée, et l'argenture galvanoplastique lui a enlevé encore de son importance.

Étamage et fabrication du fer-blanc. — L'étamage consiste à couvrir d'une couche d'étain un métal, soit pour le préserver de l'oxydation, soit pour le souder à une autre pièce métallique également étamée.

On commence toujours par décaper la pièce à étamer; pour cela on la gratte d'abord, puis on la chauffe légèrement pour étendre dessus du sel ammoniac, ou mieux du chlorure double d'ammonium et de zinc. On verse ensuite de l'étain fondu sur la pièce à étamer, ou on la plonge dans de l'étain fondu, ou encore on applique l'étain avec un fer à souder; dans tous les cas, on unit la couche d'étain avec un bouchon d'étoupe.

La fabrication du fer-blanc, ou l'étamage de la tôle, exige plusieurs manipulations. On emploie de préférence la tôle faite avec du charbon de bois.

Le décapage de la tôle, précédé d'une espèce de
vernissage et d'un laminage à froid, se fait dans
des bains de seigle ou de son, rendus acides par la
fermentation.

Galvanisation du fer. — Le nom donné à cette
industrie est mauvais ; ce n'est, par le fait, que le
zingage du fer. Le zinc préserve le fer bien mieux
que l'étain, parce que le zinc et le fer forment un
couple voltaïque, dans lequel le zinc est positif par
rapport au fer ; il en résulte que le zinc se couvre
d'une couche d'oxyde qui est un véritable vernis,
protégeant tout ce qui est au-dessous de lui.

Le zingage du fer date de 1742, mais à cette époque le prix du zinc ne permettait pas de lui donner
une grande extension.

On décape les pièces à zinguer dans un bain
composé d'eau seconde et d'acide sulfurique, dans
lequel on a fait macérer des tourteaux de colza ; ce
sont des gâteaux faits avec les résidus provenant
de la fabrication des huiles de colza.

Le zinc fondu est contenu dans de grandes chau-
dières de forme particulière en tôle de fer, et recouvert d'une couche de sel ammoniac. Les pièces
à zinguer, en sortant du décapage, sont plongées
dans le zinc fondu. Au sortir du bain de zinc, les
pièces sont plongées dans une solution de sel am-

moniac, qui fait non-seulement tomber l'excès de zinc qui les recouvre, mais qui produit l'oxydation de la surface.

Aujourd'hui on zingue une foule d'objets en fer, surtout ceux qui doivent être exposés, soit à l'air, soit à l'humidité.

Étamage et argenture des glaces. — Les métaux susceptibles d'un beau poli et par suite réfléchissant la lumière, furent d'abord employés pour faire des miroirs ; mais ces instruments ne pouvaient être que de petites dimensions, et l'oxydation de leur surface leur enlevait leur pouvoir réfléchissant. Aussi, dès que l'on put faire des plaques de verre bien planes, pensa-t-on à les couvrir d'un alliage métallique pour en faire des miroirs ; l'amalgame d'étain est le plus communément employé.

Pour étamer une glace, on étend, avec le plus grand soin, une feuille d'étain battue, un peu plus grande que la glace à couvrir, sur une table en pierre parfaitement dressée, mais mobile sur son support pour pouvoir être inclinée à volonté ; elle est entourée d'une rigole et d'un cadre en bois. Sur l'étain, on verse deux ou trois millimètres de mercure, puis on applique la glace à étamer, en chassant l'air qui peut se trouver entre elle et le mercure. On la charge ensuite avec des blocs de plâtre. Trente-six heures après, on fait écouler le mercure en excès, en inclinant la table d'une manière convenable. L'opération, pour être complète, demande dix ou quinze jours.

Toutes les manipulations de mercure ont le grand inconvénient d'altérer la santé des ouvriers; aussi, dès que l'on connut l'électro-métallurgie, on pensa à étamer les glaces, en substituant à l'amalgame d'étain un dépôt d'argent. Les premières tentatives ne furent pas heureuses. M. Liebig découvrit qu'en faisant réagir l'aldéhyde sur une solution ammoniacale d'azotate d'argent, ce métal se déposait brillant sur le verre. Partant de cette découverte, M. Drayton tenta de créer une industrie; il obtint bien des dépôts d'argent, mais la réussite était incertaine, et, au bout de quelque temps, il se produisait des taches. C'est, par le fait, à M. Petitjean qu'on doit le moyen pratique et industriel d'argenter les glaces et tous ces ballons de verre que l'on voit partout maintenant ; ils donnent l'image en petit de tout ce qui les entoure. Le brevet de M. Petitjean date de 1855.

Pour argenter les glaces par son procédé, on prépare deux solutions :

        100 grammes azotate d'argent,
         60   —   ammoniaque liquide,
        500   —   eau distillée.

Après filtration, on étend cette dissolution de 16 fois son volume d'eau distillée et l'on y ajoute, goutte à goutte, une dissolution de 7 grammes 1/2 d'acide nitrique.

2° Même dissolution que la précédente avec 15 grammes d'acide tartrique. La glace est nettoyée avec le plus grand soin et posée dans une espèce d'auge très-plate en fonte, parfaitement horizontale et chauffée à 45° au moyen de la vapeur. On passe sur la glace un rouleau de caoutchouc trempé dans de l'eau distillée, qui prépare l'adhérence du liquide et de la glace. On coule la première dissolution ; au bout de quelques minutes, le dépôt d'argent commence et est terminé au bout d'un quart d'heure. On fait écouler la première dissolution, on lave la glace à l'eau distillée et on verse la seconde dissolution ; au bout d'un quart d'heure, l'argenture est complète, on lave la glace et on la fait sécher.

On préserve la couche d'argent déposée au moyen d'une peinture au minium, composée de 500 grammes de minium, 40 grammes d'huile siccative et 160 grammes d'essence de térébenthine.

J'aurais encore une infinité de choses à vous dire sur ces différentes branches de l'industrie moderne ; mais je crains de m'être déjà trop étendu sur ces sujets, et je m'arrête.

TÉLÉGRAPHES

Télégraphe est composé de deux mots grecs :
télé, loin, et *graphô*, j'écris. En général, on désigne
par ce mot tout système qui peut servir à correspondre au loin.

Il y a quatre espèces différentes de télégraphes :

1° Les télégraphes aériens, dans lesquels on emploie des feux, des drapeaux, des signaux de toute
espèce, pouvant s'apercevoir de loin ;

2° Les télégraphes pneumatiques, qui consistent
dans l'emploi de sons transmis, soit à l'air libre,
soit au moyen de corps creux ou pleins ;

3° Les télégraphes électriques, qui utilisent le
fluide électrique ;

4° Les télégraphes parlants ;

TÉLÉGRAPHES AÉRIENS

De tout temps, ou du moins aussi loin que peut remonter l'histoire, on trouve la trace de signaux transmis d'un point à un autre. Au moyen de feux allumés sur les montagnes, les Gaulois annonçaient, à des distances considérables, tous les mouvements de l'armée de César.

On employa aussi des drapeaux de différentes couleurs, des bâtons, des perches, des planches, etc. Mais la télégraphie aérienne ne pouvait évidemment faire des progrès sérieux, que si l'on avait un moyen de voir de loin; et, en effet, elle ne commença à rendre de véritables services que quand on eut découvert la lunette d'approche.

Amontons (né à Paris en 1663 et mort en 1705), un de nos plus célèbres académiciens, eut le premier l'idée d'employer les lunettes pour observer les signaux faits à de grandes distances. C'est à lui que l'on doit le premier télégraphe aérien. Mais cette admirable invention n'avait pas encore son utilité, et elle ne fut considérée que comme une curiosité plus ou moins ingénieuse. Il fallut que la vie des nations devînt plus active, que les relations devinssent plus nécessaires entre les peuples, et un siècle passa sans que l'on comprît tous les avantages que pouvait procurer le télégraphe.

Pendant tout ce temps, la question des télégraphes fut prise et reprise, mais ce ne fut que pendant la révolution française que la nécessité des communications rapides se fit sentir.

Le véritable inventeur des appareils télégraphiques qui furent longtemps employés en France est l'abbé *Chappe*, né à Brulon, département de la Sarthe, en 1763, et mort en 1805. Son invention apparut précisément au moment où les circonstances politiques, d'une gravité extrême, exigeaient une grande rapidité dans les correspondances. Et cependant il y eut encore bien des hésitations, bien des défiances ; pour les gens ignorants, si nombreux, hélas ! dans tous les temps, c'était une invention diabolique. Une première machine, montée sur la barrière de l'Étoile, disparut pendant la nuit ; une seconde, dressée dans le parc Monceau, fut brûlée par le peuple, et peu s'en fallut que l'inventeur ne partageât le sort de son télégraphe. Enfin, le 12 juillet 1793, la Convention fit faire des essais sérieux et décréta l'établissement d'une ligne de douze télégraphes de Lille à Paris. Peu de temps après l'installation de ces télégraphes, ils annonçaient la prise de Condé sur les Autrichiens, et l'Assemblée, séance tenante, pouvait répondre immédiatement : *L'armée du Nord a bien mérité de la Patrie.*

C'est à Brulon, chez sa mère, où il était réuni à ses quatre frères, que l'idée de la télégraphie aérienne vint pour la première fois à l'esprit de l'abbé Chappe.

L'appareil télégraphique qui a été le plus employé en France, se composait essentiellement de trois branches mobiles dans un même plan : la branche principale AB (fig. 39), nommée *régulateur*, et les deux petites C et D appelées *indicateurs*. Le régulateur AB était mobile par son milieu, à l'extrémité d'un mât s'élevant de quatre à cinq mètres au-dessus du poste télégraphique. Le mouvement des branches du télégraphe était donné par trois cordes sans fin, qui passaient sur des poulies disposées à cet effet. Au bas de l'arbre, dans l'intérieur du poste, était un autre petit télégraphe, que l'employé pouvait faire mouvoir à sa volonté ; et l'arrangement des cordes était tel que le grand télégraphe CABD répétait exactement les signes faits au dedans avec le petit *cabd*. Deux lunettes d'approche, l'une dirigée sur le télégraphe précédent et l'autre sur celui qui suivait, permettaient de voir tous leurs mouvements et de les répéter.

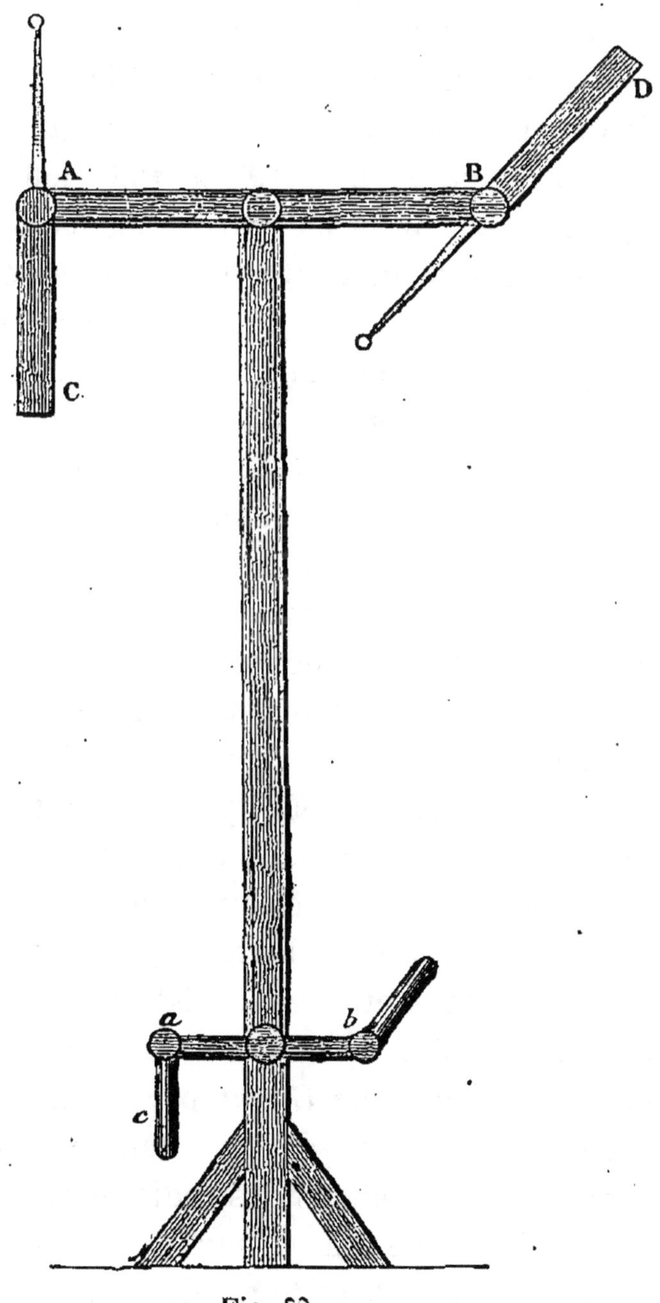

Fig. 39.

14.

Le régulateur et les indicateurs, par les différentes combinaisons de leurs positions respectives, donnaient 192 signaux. En combinant ces signaux deux à deux, on eut (192 × 192) 36864 signes, avec lesquels on forma un vocabulaire complet qui permit de transmettre toute espèce de dépêches.

On mettait environ deux ou trois lieues entre chaque télégraphe. Ainsi, de Paris à Toulon on compte 207 lieues; il y avait 100 télégraphes pouvant transmettre les dépèches en vingt minutes, quand les circonstances atmosphériques étaient favorables.

Dans les autres pays, on a fait des télégraphes bien différents comme forme; chaque nation a eu en quelque sorte son système propre.

Dans une année, on compte en général plus de nuits claires que de jours purs; il était donc naturel de penser à faire des télégraphes de nuit. On a d'abord cherché à éclairer les télégraphes de jour, pour continuer leurs signaux la nuit. Les frères Chappe ont travaillé cette question pendant bien des années sans arriver à une solution satisfaisante. Le docteur *Guyot* parvint à résoudre le problème au moyen de deux fanaux colorés suspendus aux extrémités des indicateurs, et de deux fanaux incolores placés aux extrémités du régulateur (fig. 40). De cette manière, paraît-il, la con fusion était impossible. Les petites fenêtres A, pratiquées dans les branches du télégraphe, per-

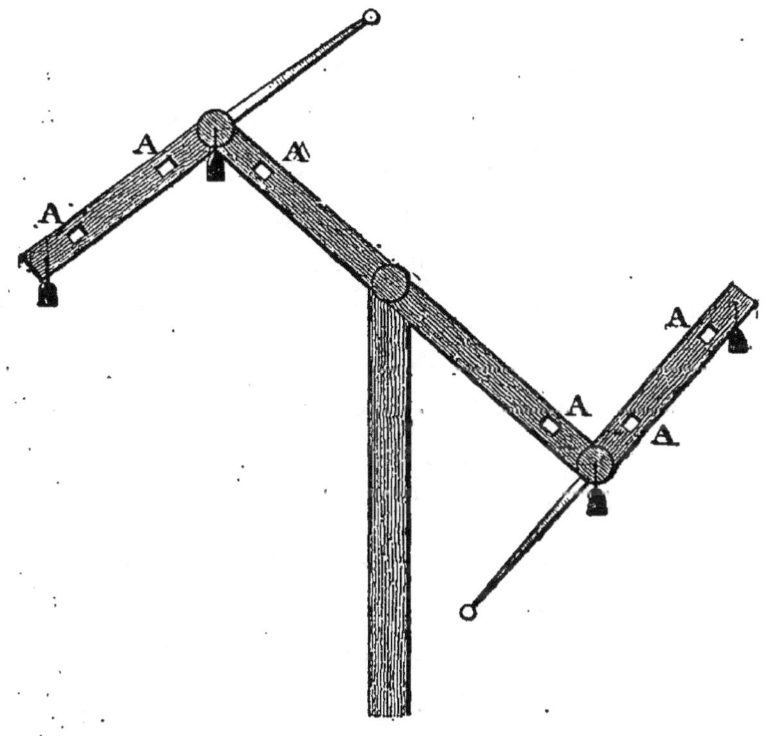

Fig. 40.

mettaient de voir les fanaux dans toutes les positions du régulateur et des indicateurs.

On a aussi employé des fanaux derrière des volets pouvant s'ouvrir ou se fermer à volonté.

Tous ces systèmes n'ont plus, du reste, aucune importance, le télégraphe électrique les remplaçant avec avantage. Cependant, on trouve encore des télégraphes aériens sur les côtes, pour communiquer avec les navires qui passent au large; on les appelle des *sémaphores*.

Signaux empoyés sur mer. — La télégraphie sur mer laisse encore beaucoup à désirer, quoi-qu'elle réponde à peu près aux besoins de la ma-rine. Elle emploie, pour les signaux de jour, vingt pavillons, huit flammes et six guidons; pour les si-gnaux de nuit et de brume, elle fait usage de fa-naux, de feux de Bengale, de fusées, d'amorces, de cloches, de tambours, de clairon et de canon.

M. Trève, capitaine de vaisseau, a présenté un système de signaux de nuit dont les cinq fanaux superposés sont alimentés par du gaz comprimé et enflammé par l'électricité.

Les marines de toutes les nations emploient les mêmes moyens pour communiquer sur mer. Elles ont même une série de signaux communs à toutes, constituant par le fait une langue universelle qui permet à tous les navires, quelle que soit leur nation, de converser ensemble quand ils sont en vue les uns des autres.

Mais tous ces moyens peuvent être insuffisants dans un combat; la fumée empêche de voir les si-gnaux, la chute des mâts entraîne celle des si-gnaux, le bruit de l'artillerie couvre tous les autres bruits.

Téléphonie ou télégraphie musicale. — Ce système de signaux au moyen de quelques sons ou même de notes faciles à reconnaître, est dû à M. Sudre, et remonte à 1817, époque à laquelle l'inventeur était professeur à l'école de Sorèze. C'est là qu'il eut l'idée de substituer les sons musicaux au langage parlé. Du reste, il ne fit que suivre le chemin déjà tracé par les savants à la recherche d'une langue universelle, qui ne peut être composée que de notes musicales. En effet, les mêmes mots sont prononcés différemment par les différents peuples et, par suite, deviennent inintelligibles pour la plupart, tandis que les notes musicales sont les mêmes pour tous. M. Sudre commença par employer cinq notes, puis quatre, puis trois, puis une seule. En 1827, il avait complété son système.

Plusieurs ministres de la guerre et de la marine firent faire des essais sérieux de ce nouveau système de signaux ; toutes les commissions nommées firent des rapport favorables, et cependant ce moyen de correspondance ne fut jamais mis en pratique.

En 1842, M. Sudre proposa à la marine un instrument pouvant dominer tous les bruits : c'était une espèce de porte-voix gigantesque mis en vibration par un courant d'air comprimé ; cet air pouvait passer par quatre tuyaux donnant chacun une note différente.

Sur les côtes dangereuses, on établit non-seulement des phares pour signaler les écueils, mais encore on place des trompettes immenses, dans lesquelles agit la vapeur ou l'air comprimé, et qui se font entendre à plusieurs lieues par les temps de brume.

Télégraphe solaire. — Je pourrais encore vous parler de bien d'autres inventions faites pour transmettre la pensée de l'homme à distance, mais toutes ont été en quelque sorte rendues inutiles par la découverte du télégraphe électrique. Je vous dirai cependant que la réflexion du soleil dans une glace et envoyée à distance, à peu près comme font les enfants au moyen d'un morceau de verre ou de toute autre matière réfléchissante, a été utilisée par M. Lescure; son appareil, qui est portatif, ne pèse en tout que 14 kil. Au moyen de deux miroirs, dont l'un est fixe et dont l'autre suit les mouvements du soleil, il maintient le faisceau lumineux immobile malgré les changemets de position du foyer lumineux. Même pendant les temps couverts, la lumière réfléchic est assez intense pour être portée au loin.

Le télégraphe solaire ou l'*héliographe* n'a pas

encore reçu d'applications sérieuses, et cependant, malgré les télégraphes électriques, il pouvait être d'une utilité très-grande dans bien des circonstances, surtout pour les armées.

On ne saurait avoir trop de moyens de correspondance, et celui-ci, s'il avait été étudié et perfectionné, aurait peut-être pu sauver Paris pendant la dernière guerre, en le mettant en communication avec la France.

TÉLÉGRAPHES PNEUMATIQUES

Beaucoup d'expériences ont prouvé que le son pouvait se communiquer à des distances considérables. Souvent, à la mer, quand le vent vient de terre, on entend le son de cloches, qui sont à 15 ou 20 lieues et même plus ; mais alors, il faut être placé de telle sorte que les voiles, qui arrêtent les ondes sonores, les renvoient. Il se produit, dans cette circonstance, un phénomène semblable à celui des rayons lumineux parallèles, amenés par un miroir concave à son foyer.

Au moyen d'un porte-voix et d'une surface concave, on pourrait donc se parler à des distances considérables. Pour entendre celui qui parlerait dans ce porte-voix, il suffirait de se placer au foyer de la surface courbe. Ce moyen de correspondance n'a encore été employé que dans des expériences.

La vitesse du son, comme vous le savez, est de 340 mètres par seconde, ou de 306 lieues à l'heure, ou, encore, de 7344 lieues en un jour. Quoique cette vitesse soit insignifiante, comparée à celle de l'électricité, elle est cependant assez grande pour pouvoir rendre de grands services. Aussi on l'emploie pour correspondre à distance.

Dans ce cas, on envoie le son par l'intermédiaire de tubes qui, non-seulement le propagent très-bien, mais encore en augmentent considérable-ment la puissance. De nombreuses expériences ont démontré que ni les courbes de tuyaux con-ducteurs, ni les bruits extérieurs n'empêchent le son de parvenir distinctement.

Dans presque tous les établissements impor-tants, aujourd'hui, les différents employés sont en communication avec le chef ou entre eux au moyen de tubes, dits *tubes acoustiques*, dont la figure 41 vous donne une idée. A et A' sont deux embouchures de porte-voix qui terminent le tube acoustique C; B et B' sont deux sifflets qui peuvent boucher les porte-voix. Les extrémités du tube acoustique sont, le plus souvent, en caoutchouc, pour pouvoir porter les embouchures, soit à la bouche, soit à l'oreille ; dans les autres parties, ce sont des tubes en plomb ou en tout autre métal, qui suivent les planchers, les plafonds, les murs, qui traversent les étages, les cours, les rues, etc.

En général, les sifflets doivent toujours être en place ; si quelqu'un veut parler, il retire le sifflet B, par exemple, et appuie la bouche sur l'embouchure A. Il souffle dans le tube et remet le sifflet B en place. L'air refoulé ainsi s'échappe par l autre extrémité et fait parler le sifflet B'. La personne qui entend le sifflet B' le retire et souffle à son tour dans le tuyau pour faire parler le sifflet B, et place l'embouchure A' près de son oreille. E faisant résonner le sifflet B, l'employé indique qu'il est prêt à recevoir la communication qu'on a à lui faire.

Alors les deux employés peuvent causer comme

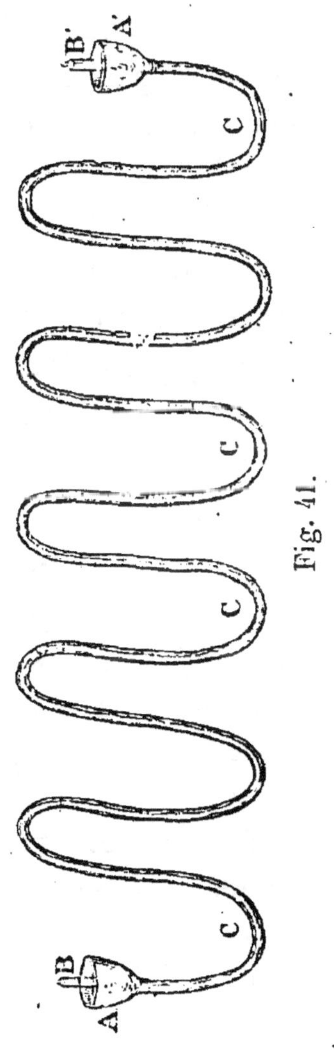

s'ils étaient réunis. Celui qui écoute place l'embouchure près de son oreille; celui qui parle articule lentement les mots devant son embouchure. On peut parler très-bas, mais il faut parler avec lenteur et bien prononcer les mots sans coller la bouche contre les parois de l'embouchure.

Il faut espérer que bientôt on emploiera les tubes acoustiques pour mettre en communication les villages et les hameaux entre eux; ils pourraient même rendre de grands services dans les villes. Leur installation serait moins dispendieuse que celle du télégraphe, puisqu'il n'y aurait qu'une mise dehors de premier établissement sans aucun appareil de transmission, et que le premier venu, sans étude préalable, pourrait recevoir et envoyer les dépêches. Ce système permettrait aussi à deux personnes d'avoir à distance des conversations aussi secrètes que possible.

Sifflets à air, pour l'intérieur des maisons, remplaçant les sonnettes. — A la place du fil des son-

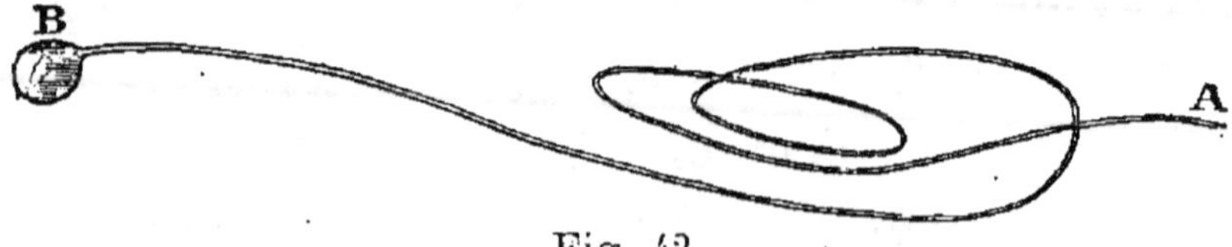

Fig. 42.

nettes est un petit tube de fer-blanc ou d'étain, gros comme une plume; à la place de la sonnette

est un petit sifflet A (fig. 42). A la place de la
poignée du cordon de sonnette est un petit ballon
en caoutchouc. Il suffit de presser ce ballon pour
faire retentir le sifflet.

TÉLÉGRAPHES ÉLECTRIQUES

Historique. — Dès que l'homme connut la rapidité avec laquelle l'électricité se transmet d'un
point à un autre, il eut l'idée de la faire servir à
transmettre sa pensée au loin. En 1753, on trouve
la trace de travaux dirigés vers le télégraphe électrique, mais ce n'est qu'en 1760 que Lesage, savant
génois, conçut l'idée d'un télégraphe électrique,
qu'il exécuta en 1774. Il se composait de 24 fils
métalliques, isolés les uns des autres ; chacun de
ces fils portait à chacune de ses extrémités la même
lettre de l'alphabet en métal, et une petite tige à
laquelle était suspendue, par un fil de soie, une
balle de sureau. Une des lettres recevant la
charge, soit d'un bâton de cire électrisé par le
frottement, soit d'une machine électrique, la balle
de sureau de l'autre extrémité était repoussée, et
indiquait la lettre sur laquelle on voulait attirer
l'attention.

Vers la même époque, d'autres physiciens se livrèrent à des études semblables dans les autres parties de l'Europe. Mais l'emploi de l'électricité statique, fournie par un bâton de résine frotté ou même par une puissante machine électrique, ne pouvait donner aucun résultat sérieux, parce que cette électricité ne se maintient à la surface des corps conducteurs que dans des cas difficiles à réunir. On peut à peine, dans l'intérieur d'un cabinet de physique, rendre l'air assez sec pour le développement et la transmission de l'électricité ; il serait impossible d'y arriver sur un parcours un peu long et à l'air libre.

Ce ne fut donc qu'après la découverte de l'électricité dynamique par Volta, que l'on put songer sérieusement à employer l'électricité comme agent de télégraphie.

Mais, que de pas il y avait à faire ! Que de travaux il fallait exécuter avant d'arriver au télégraphe que vous voyez chaque jour !

En 1811, *Sœmmering,* physicien de Munich, utilisa la décomposition de l'eau par le courant électrique. Son télégraphe se composait de 34 fils, correspondant à autant d'auges, surmontées chacune d'une des lettres de l'alphabet ou de l'un des dix chiffres. Au moyen d'un courant que l'on pouvait faire passer par ces fils, on décomposait l'eau des auges, et l'on indiquait ainsi les lettres ou les chiffres. Mais ce télégraphe n'était pas pratique, il présentait une trop grande complication de fils, et la constatation de la décomposition chimique de l'eau présentait beaucoup d'incertitude.

Jusqu'en 1820, la question fit peu de progrès; mais alors Ærsted, physicien danois, découvrit l'action du courant voltaïque sur l'aiguille aiman-tée; c'était une action mécanique produite par l'électricité, et elle fut aussitôt appliquée à la télégraphie.

Ampère (André), né à Lyon le 20 janvier 1775 et mort à Paris le 10 juin 1836, reprit le télégraphe de Sœmmering, en remplaçant les auges par des aiguilles aimantées. Mais ce n'était pas encore un moyen pratique, l'action du courant sur l'aiguille était trop faible. Il fallut que Schweigger découvrît que cette déviation dépendait du nombre de tours du fil conducteur de la pile autour de l'aiguille. Schilling et Alexandre firent un nouveau télégraphe dans le genre de celui d'Ampère, mais il fut im-possible de faire fonctionner d'une manière régu-lière un si grand nombre de fils.

Il était réservé à notre célèbre *Arago* d'apporter la dernière pierre à l'édifice, ou, du moins, de trou-ver un effet mécanique produit par l'électricité, pou-vant être utilisé pour un télégraphe véritablement pratique. En répétant les expériences d'Ærsted, notre grand astronome découvrit que l'électricité circulant autour d'un morceau de fer doux lui communiquait les propriétés d'un aimant, et que ces propriétés disparaissaient quand on interrompait le passage du courant. Ainsi, un petit morceau de fer, placé sous les branches d'un électro-aimant, pouvait venir se coller contre elles et les abandonner à volonté.

Idée générale sur les télégraphes électriques. — Presque tous les systèmes de télégraphe électrique reposent sur le fait dont je viens de vous parler, c'est-à-dire le phénomène de l'aimantation momentanée ou temporaire d'un morceau de fer doux, autour duquel circule un courant électrique.

Supposons une pile A (fig. 43) à Paris, par exemple ; son fil va, je suppose, à Rouen, entourer un morceau de fer doux B, et revient à Paris. La petite pièce CC, ou l'armature, est soutenue à une très-

petite distance des branches de l'électro-aimant
par un petit ressort. Si l'on met en communication les extrémités du fil avec les pôles de la
pile A, instantanément l'électro-aimant attire l'armature CC, qui vient se coller contre ses branches.
Si l'on interrompt cette communication, instantanément encore, l'action de l'électro-aimant cesse,
la petite pièce CC quitte ses branches, rappelée par
le ressort qui la supporte. Elle peut ainsi se coller
sur l'électro-aimant et se séparer de lui avec une
grande rapidité et donner de nombreux battements, que l'on utilise de différentes manières,
soit pour désigner des lettres de l'alphabet, soit
pour écrire ou imprimer ces lettres, ou encore les
représenter par des signes connus.

Tout télégraphe électrique se compose donc :

1° Au point de départ, d'une source permanente
d'électricité et d'un instrument quelconque, cadran
ou autre, avec lequel on peut indiquer les lettres,
les mots, les signes que l'on veut transmettre. Cet
instrument est le *manipulateur*.

2° Au point d'arrivée, ou à une station quelconque, un électro-aimant agissant par son armature sur un mécanisme pouvant répéter les lettres, les mots ou les signes transmis par le manipulateur ; ce second instrument est le *récepteur*.

3° Entre le point de départ et celui d'arrivée, un

fil pour établir la communication entre l'un des
pôles de la pile et l'une des extrémités du fil de
l'électro-aimant. L'autre pôle de la pile et l'autre
extrémité du fil de l'électro-aimant aboutissent,
l'un au point de départ et l'autre au point d'arrivée,
à la terre, qui tient lieu d'un fil pour fermer le
circuit.

Quel que soit le mécanisme employé pour transmettre et recevoir les dépêches à chaque station,
il y a des appareils que l'on retrouve dans presque
tous les systèmes et dont je vais vous indiquer le
but.

Commutateur. — Un bureau télégraphique, s'il
n'est pas à une extrémité de ligne, est toujours
en communication au moins avec deux autres bureaux, celui à sa droite et celui à sa gauche. Dans
ce cas, il n'y a qu'un manipulateur pour expédier
les dépêches, et un récepteur pour les recevoir. Il
faut donc pouvoir les mettre à volonté en communication, soit avec le fil de droite, soit avec le fil de
gauche.

Tel est le but des *commutateurs*, au nombre de
deux, placés l'un à droite et l'autre à gauche des
manipulateurs.

La figure 44 vous donne l'idée d'un commutateur. A et A′ sont des petites plaques de cuivre mo-

biles, au moyen de poignées B et B', autour des
axes C et C', en communication, à droite, avec le fil

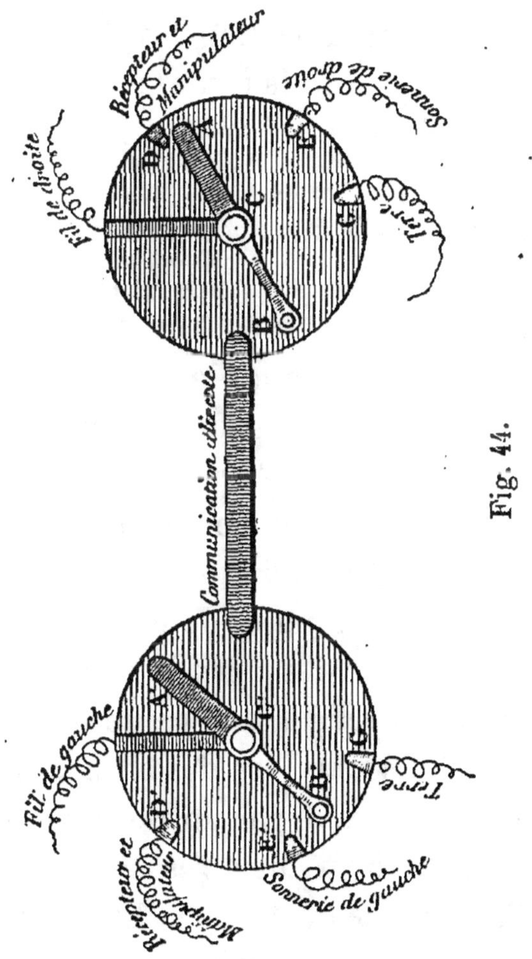

de droite de la ligne et, à gauche, avec le fil de
gauche de la ligne.

Sur le parcours des parties A et A' sont des touches D et D', E et E', G et G', H et H'. D et D' en

communication avec le récepteur et le manipulateur, E avec la sonnerie de droite, E′ avec la sonnerie de gauche; G et G′ avec la terre; HH′ peut mettre en communication les deux commutateurs et, par suite, établir la communication directe entre le fil de droite et celui de gauche de la ligne.

Sonnerie. — Pour avertir une station que l'on a une communication à lui faire, on met en communication le manipulateur avec le fil qui va à cette station. Or, comme les commutateurs sont généralement arrêtés sur les sonneries, il en résulte que l'employé de la station à laquelle on veut transmettre une dépêche est prévenu.

La figure 45 représente une de ces sonneries. C'est un électro-aimant, dont le fil est d'un côté en rapport avec l'un des pôles de la pile, et dont l'autre bout du fil est relié à une petite armature placée à peu de distance, en face des branches de l'électro-aimant, et soutenue par un ressort qui la maintient en contact avec un autre ressort qui communique avec l'autre pôle de la pile. L'armature porte un petit marteau, qui peut frapper sur un timbre placé au-dessus de l'appareil. Si le courant électrique passe, l'électro-aimant attire l'armature, ou la tige du marteau qui frappe le timbre. Mais alors le courant est interrompu, et l'armature se sépare de l'électro-aimant pour venir rétablir le courant. Il en résulte une suite de petits coups frappés sur le timbre. C'est pour cette raison que cet instrument, dû à M. Bréguet, est appelé sonnerie trembleuse.

Fig. 45.

Outre le bruit que fait entendre la sonnerie électrique, l'appareil porte souvent une petite ouverture ou fenêtre, devant laquelle apparaît le mot *répondez*, pendant que le timbre résonne, et reste après qu'il a cessé de se faire entendre. De cette manière l'employé, qui pouvait être absent pendant que le timbre se faisait entendre, en rentrant dans son bureau, voit qu'il a été interpellé. Un bouton permet de faire disparaître le mot de la fenêtre, pour qu'il puisse se présenter de nouveau.

Boussole. — Le courant, amené par le fil de droite ou celui de gauche, traverse, avant d'arriver aux commutateurs, un fil entourant une aiguille aimantée ; c'est cet instrument qu'on nomme la boussole. L'agitation de l'aiguille indique que le courant passe ; son immobilité montre qu'il est interrompu. Ainsi donc, si la communication directe est établie, les boussoles du bureau intermédiaire sont en mouvement, tant que le fil de la ligne est employé ; leur immobilité indique à l'employé que l'envoi de la dépêche est terminé et qu'il peut rétablir les communications avec les sonneries.

Paratonnerre. — C'est une erreur de croire que les oiseaux, trouvés morts le long des fils télégraphiques, ont été tués par le fluide électrique, qui peut traverser leur corps quand ils se reposent sur les fils. Le métal est meilleur conducteur de l'électricité que leur corps, le fluide ne peut donc pas agir sur eux. Ils sont tués, non par l'électricité, mais par les fils eux-mêmes qu'ils rencontrent dans leur vol, la nuit surtout, quand ils fuient un danger sans voir devant eux.

Mais, si les oiseaux ne peuvent être tués par l'électricité atmosphérique, qui suit les fils en temps d'orage, ces fils, les appareils des bureaux télégraphiques et même les employés peuvent avoir beaucoup à en souffrir. Pour empêcher ces accidents, on a inventé plusieurs systèmes de paratonnerre, dont la fonction est d'envoyer dans le sol l'électricité atmosphérique qui, accidentellement, peut suivre les fils télégraphiques. Ces appareils sont placés sur les fils de la ligne avant leur entrée dans les bureaux.

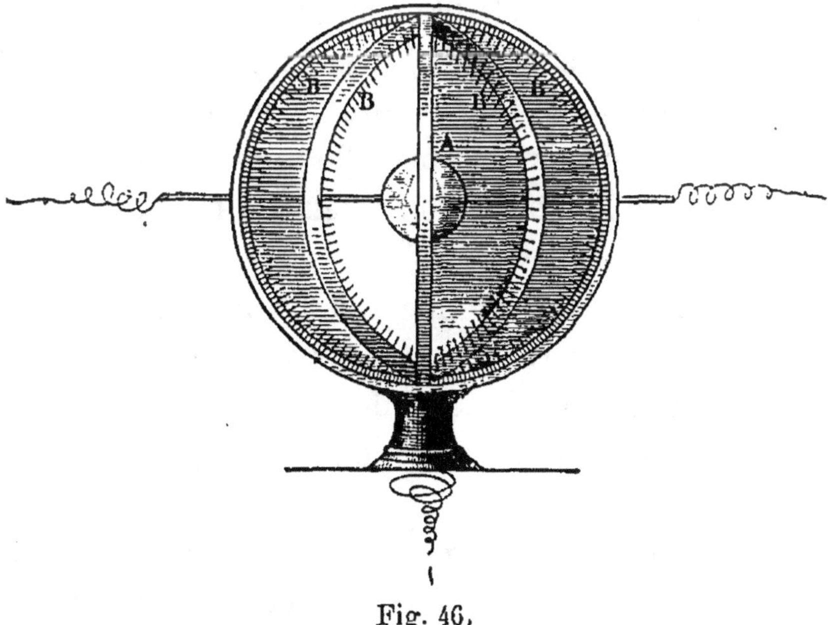

Fig. 46.

Ils diffèrent de forme suivant le principe sur lequel ils sont construits.

La plupart utilisent l'augmentation de tension, produite par le passage de l'électricité atmosphérique, pour vaincre la résistance opposée, soit par l'air, soit par une matière isolante quelconque. Dans le premier cas, une boule de cuivre, ou une surface plane de même métal d'une certaine étendue, est placée sur le fil de la ligne à proximité de pointes qui tiennent à un conducteur en communication avec la terre (fig. 46).

Dans le second cas, une feuille de papier sépare les deux plaques, celle qui fait partie de la ligne et celle qui termine le fil de la terre.

Quand la tension de l'électricité est plus grande qu'elle ne doit être, le fluide l'emporte sur la résistance de l'air ou sur celle du papier et s'écoule dans le sol avant d'avoir atteint le bureau.

Relais. — On nomme relais une source d'électricité auxiliaire qui se trouve à chaque station pour augmenter la force du courant, soumise à des causes de déperdition pendant le trajet.

Lignes télégraphiques. — Il y en a de trois espèces : celles dites aériennes, celles souterraines et celles sous-marines.

Lignes aériennes. — Le fil généralement employé est du fil de fer de quatre millimètres de diamètre et galvanisé; les différentes parties sont réunies entre elles par la torsion des extrémités. Parfois on recouvre toute la réunion d'un alliage de plomb et d'étain.

Le fil est supporté, de 100 mètres en 100 mètres, par des *poteaux* en sapin injectés de sulfate de cuivre; ils sont plus ou moins élevés suivant les localités; sur chaque poteau est un *support* isolant pour maintenir le fil. C'est généralement un morceau de porcelaine, ayant la forme d'une petite clo-

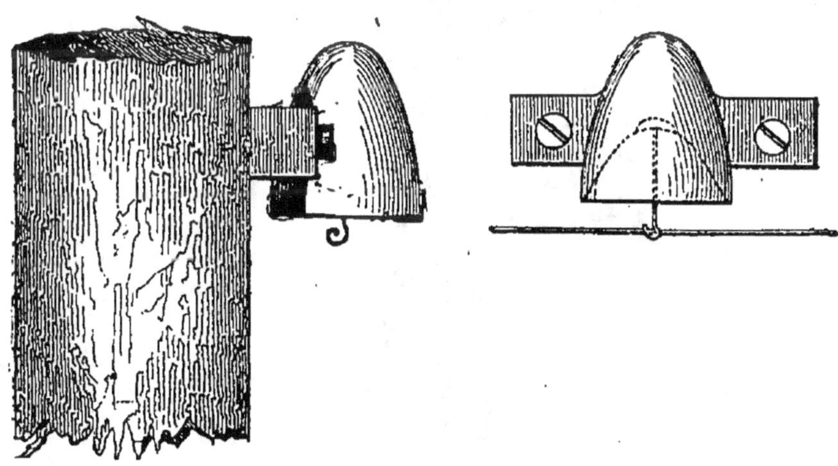

Fig. 47.

che renversée, comme l'indique la figure 47. Deux oreilles permettent de le fixer au poteau au moyen de vis. Dans l'intérieur est fixé, au moyen de soufre, un petit crochet en fer, sur lequel est placé le fil. De kilomètre en kilomètre, le support dont je viens de vous parler est remplacé par un *tendeur*, qui permet de raidir le fil. La figure 48 vous indique sa disposition. Ce petit appareil, supporté par une

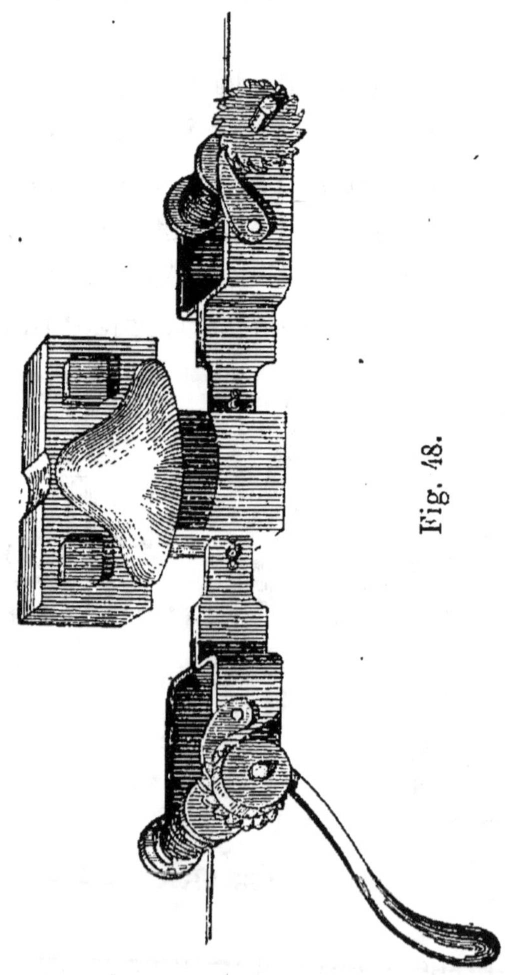

Fig. 48.

cloche particulière en porcelaine, est en tôle de fer ; il porte à chacune de ses extrémités un treuil que l'on peut tourner avec une clef, de manière à raidir convenablement le fil.

Enfin, partout où le fil d'un télégraphe passe, on le supporte ou on l'arrête au moyen de pièces isolantes.

Quelquefois les poteaux télégraphiques sont parcourus dans toute leur longueur par un fil de fer zingué, qui déborde la tête et fait fonction d'un paratonnerre. Toutes ces pointes, placées à 100 mètres l'une de l'autre, dominant le fil et communiquant avec la terre, peuvent soutirer une partie de l'électricité atmosphérique et préserver le fil.

Lignes souterraines. — Pour les lignes souterraines et même pour les fils qui passent dans les tunnels et autres lieux humides, on fait usage de fil de cuivre recouvert de gutta-percha et renfermé dans un tube de plomb. On enterre ce fil simplement à $0^m,60$ dans le sol, ou on le fait passer dans un petit tube de fonte ou de fer semblable aux conduites de gaz.

Lignes sous-marines. — Pour traverser les rivières, les fleuves, les mers, on construit des espèces de câbles contenant à l'intérieur les fils conducteurs, entourés de gutta-percha, puis de filin goudronné, pour les isoler complétement de l'eau et surtout de l'eau de mer, qui est très-bon conducteur de l'électricité. Le tout est préservé contre le frottement et consolidé par des fils de fer enroulés comme les différents torons d'un câble ordinaire.

La figure 49 vous montre les dispositions prises,
qui sont du reste assez variables, soit pour le

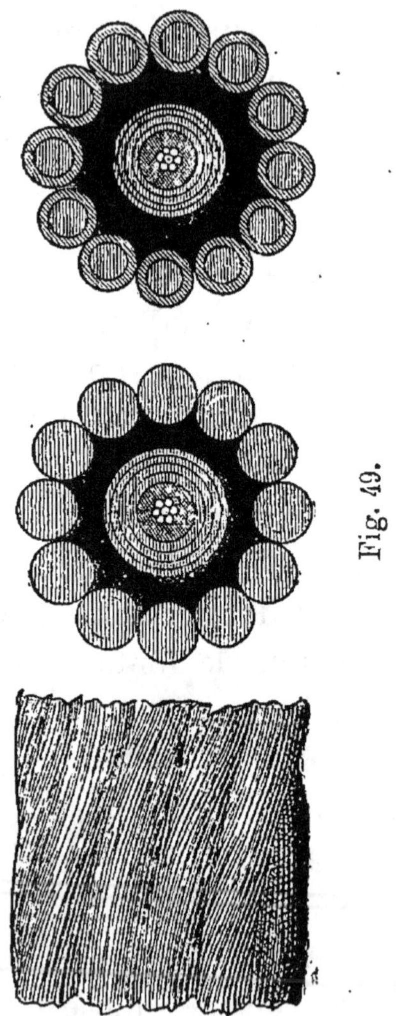

Fig. 49.

nombre de fils conducteurs dans l'intérieur du câble, soit pour la forme et la disposition de l'enveloppe extérieure.

La partie de droite de la figure 49 est une section faite dans un câble destiné à descendre à de grandes profondeurs; les fils de fer de l'enveloppe extérieure, plus fins que ceux qui entourent les câbles télégraphiques qui sont sur les côtés, sont entourés chacun séparément de filin goudronné.

DIFFÉRENTS SYSTÈMES DE TÉLÉGRAPHES ÉLECTRIQUES

Historique. — Comme vous devez le supposer, on a inventé différents moyens pour utiliser le mouvement donné par l'armature des électro-aimants, et chaque jour on en cherche de nouveaux. Les premiers ont reproduit les signes des télégraphes aériens; on avait un dictionnaire tout fait et des employés habitués à ces signes. On a fait ensuite des télégraphes à cadran, sur lesquels une aiguille marque les lettres de l'alphabet et les chiffres; on a pu ainsi transmettre les mots et les nombres.

Il y a des appareils imprimant les dépêches, soit en caractères typographiques, soit en signes de convention; on peut ainsi écrire à des distances illimitées.

Utilisant l'action d'un courant sur l'aiguille, on a fait des télégraphes d'une grande simplicité.

Je vais vous donner une idée des uns et des autres.

TÉLÉGRAPHES ÉLECTRIQUES A CADRAN

Télégraphes électriques employant les signes des télégraphes aériens. — Toute la difficulté consistait à transformer le mouvement donné par l'armature de l'électro-aimant.

M. Bréguet a résolu le problème de la manière suivante : deux mouvements d'horlogerie et deux

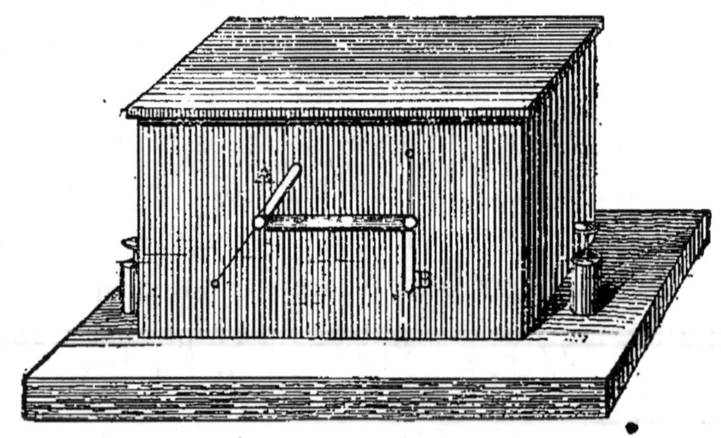

Fig. 50.

électro-aimants sont contenus dans le récepteur (fig. 50).

Un des mouvements d'horlogerie est relié à l'un

des électro-aimants par l'armature de ce dernier, qui porte un échappement permettant à l'aiguille A du mouvement de prendre huit positions différentes. Il en est de même pour l'autre mouvement et l'autre électro-aimant qui actionnent l'aiguille B. Chaque contact et chaque séparation de l'armature fait faire 1/8 de tour. Ces huit positions combinées entre elles donnent 64 signaux, que l'on peut multiplier par des signes de convention et qui sont les mêmes que ceux des signaux du vocabulaire Chappe. On a donc pu immédiatement établir des télégraphes électriques se reliant avec les lignes des télégraphes aériens

Le manipulateur est double aussi, naturellement, chacun d'eux transmettant le mouvement à l'une des aiguilles du récepteur.

AB (fig. 51) est une colonne en cuivre fixée verticalement et terminée à la partie supérieure par un cylindre horizontal, portant d'un côté un plateau vertical C, qui a 8 échancrures à sa circonférence et à égale distance l'une de l'autre. Dans la partie horizontale passe un axe mobile, terminé du côté du plateau C par une manivelle E, dont une petite dent d'acier peut entrer dans les entailles de la roue C. L'autre côté de l'arbre, dont il vient d'être question, est terminé par un plateau D, dont la cannelure quadrangulaire G reçoit le gallet H qui ter-

mine le levier coudé HIKL. Par le mouvement de
la manivelle, ce levier oscille entre deux contacts M
et N fixés sur une plaque d'ivoire.

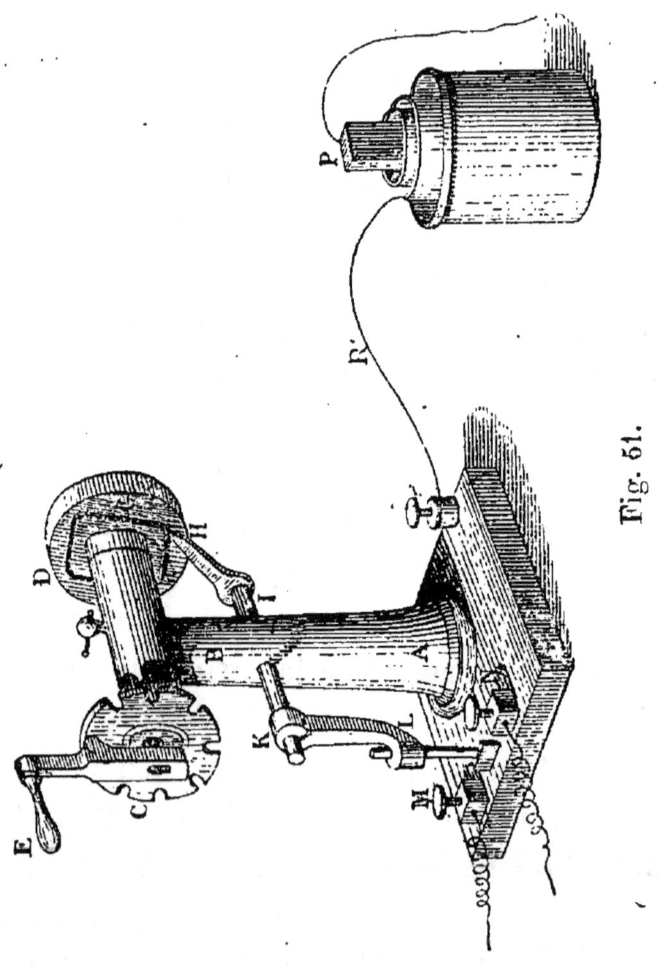

Fig. 61.

Si l'on met l'un des fils R de la pile P en communication avec le récepteur, le fil R′ avec la base du
manipulateur et le contact N avec le récepteur,

toutes les fois que l'extrémité I du levier HIKL viendra toucher le contact N, le courant sera fermé, l'électro-aimant agira sur son armature et, par suite, sur l'échappement; le mouvement d'horlogerie donnera à son aiguille une position semblable à celle de la manivelle du manipulateur.

Ce système fut abandonné dès que tous les télégraphes aériens se trouvèrent remplacés par des télégraphes électriques.

Télégraphes à cadran indiquant les lettres de l'alphabet. — Ce genre de télégraphe remplaça le système précédent, mais il fut vite abandonné par l'administration des télégraphes, et ne fut conservé que par les chemins de fer, les postes sémaphoriques des côtes, les communications avec les chefs-lieux de canton et, en général, pour tous les services qui ne peuvent avoir des employés spéciaux. En effet, le système à cadran et à lettres peut être servi par la première personne venue, avec seulement quelques indications. Mais l'échange de dépêches demande d'autant plus de temps que les personnes qui les envoient et qui les reçoivent sont moins exercées.

Le récepteur Bréguet, représenté extérieurement par la figure 52, contient un mouvement d'horlogerie et un électro-aimant; ce dernier,

quand le courant passe, permet au mouvement
de faire. marcher l'aiguille du cadran d'un vingt-
sixième de la circonférence. Ces 26 positions de l'aiguille correspondent aux 25 lettres de l'alphabet et
à une croix, sur laquelle on ramène toujours l'ai-

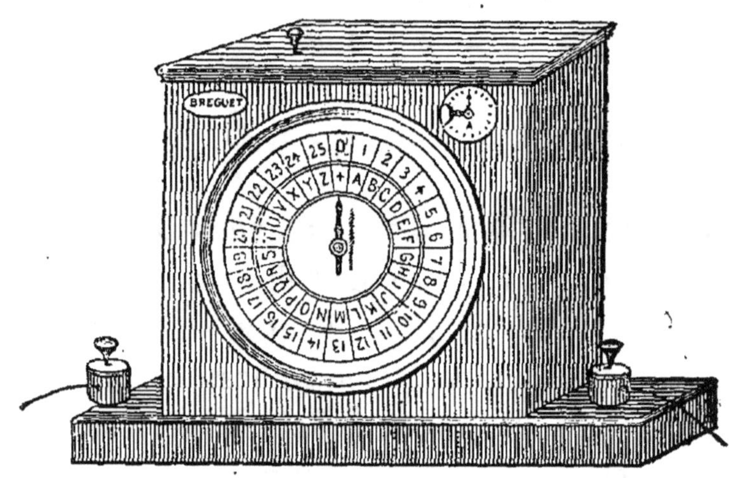

Fig. 52.

guille après chaque mot. En dehors du cercle contenant les lettres, il en existe un autre contenant
les chiffres. On peut, à volonté, transmettre des
mots ou des nombres. Pour ces derniers, un signe
connu indique qu'il faut considérer le cercle des
chiffres au lieu de celui des lettres.

Au-dessus de la croix se trouve le trou de la clef
pour remonter le récepteur. A droite du cadran est
une petite clef et une aiguille; la première permet
de tendre ou de détendre le ressort de l'armature

de l'électro-aimant suivant la force du courant électrique; la seconde montre le degré de tension du ressort.

Le manipulateur (fig. 53) est un cadran hori-

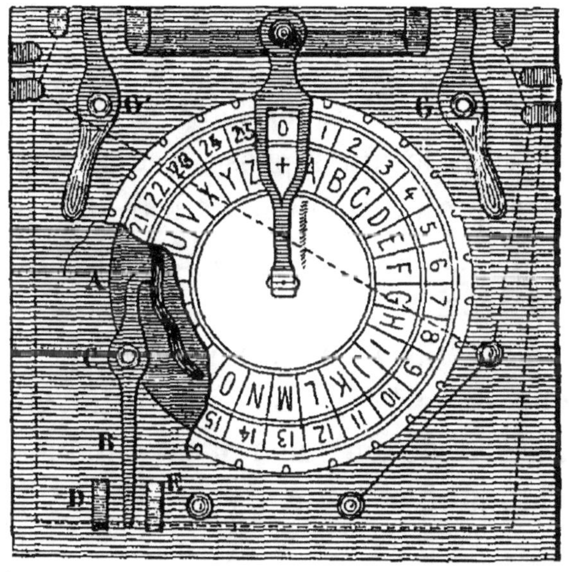

Fig. 53.

zontal qui porte, comme celui du récepteur, des lettres et des chiffres; vis-à-vis chacune des lettres est une échancrure. Une manivelle est articulée au centre du plateau sur lequel est fixé le cadran. Sur l'axe de la manivelle, au-dessous du cadre, est fixée une roue dans laquelle est creusée une gorge à sinuosités régulières (en même nombre que les signes du cadran), dans laquelle est engagée l'extrémité du petit levier AB, mobile autour du point

C. La roue à cannelures transforme le mouvement circulaire continu de la manivelle en un mouvement oscillant pour le levier AB, dont l'extrémité B peut venir alternativement toucher les contacts D et E. Comme le nombre d'oscillations du levier, pour un tour complet de la manivelle, est de vingt-six comme celui des lettres et de la croix, le récepteur marche d'un nombre de dents égal au nombre de crans devant lesquels passe la manivelle, et l'aiguille marque ainsi sur le cadran du récepteur la lettre sur laquelle a été arrêtée la manivelle du manipulateur.

La manivelle du manipulateur ne doit jamais aller que dans le même sens, celui de gauche à droite. La fin de chaque mot est indiquée par le repos de la manivelle sur la croix. GG′ sont les commutateurs.

TÉLÉGRAPHES A AIGUILLES DE COOKE ET WHEATSTONE

Cet appareil est le plus simple de ceux qui existent aujourd'hui; il ressemble beaucoup à celui indiqué par Ampère en 1820. Il est employé en Angleterre et dans d'autres parties de l'Europe. Le récepteur et le manipulateur forment un seul et même instrument, qui porte en haut (fig. 54) deux aiguilles aimantées verticales A et B, montées sur

le même axe que les aiguilles de deux multiplica-
teurs contenus dans l'intérieur de l'appareil. Les
deux manettes C et D permettent de faire passer le courant électrique dans les fils des multipli-

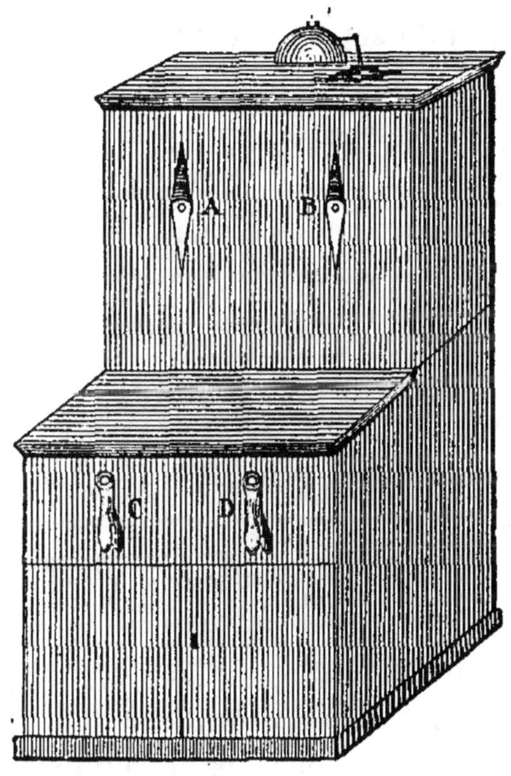

Fig. 54.

cateurs. La manette C agit sur le multiplicateur de
gauche et, par suite, sur l'aiguille A ; il en est de
même de la manette D par rapport à l'aiguille B.

Les signes ou les lettres sont représentés par
les oscillations ou battements des aiguilles. Par

exemple, un battement de l'aiguille de gauche indi-
quera la fin de chaque mot, deux mouvements de
cette aiguille représenteront la lettre A, trois battements la lettre B, un mouvement à droite et un à
gauche la lettre C, et ainsi de suite.

Chacun de ces mouvements des aiguilles est produit par un mouvement semblable des manettes C
et D, qui agissent comme celles d'un commutateur ;
chaque fois qu'on les porte d'un côté ou de l'autre,
elles font changer les directions du courant et, par
suite, font dévier les aiguilles d'un côté et de l'autre.
On se sert en Angleterre, pour transmettre et ren-
voyer les dépêches, d'enfants qui acquièrent bien
vite une telle habileté, qu'ils échangent les correspondances avec la rapidité de la parole.

Mais, remarquez que ce télégraphe a nécessairement besoin de deux fils pour chaque appareil, ou
chaque aiguille ; en outre, comme les précédents,
il ne garde aucune trace des dépêches envoyées ;
enfin, il est sujet à beaucoup d'erreurs, puisque
l'exactitude des dépêches dépend seulement de la
mémoire des employés.

TÉLÉGRAPHES IMPRIMEURS

Télégraphe de Morse. — Le professeur américain
Samuel Morse est véritablement le créateur de la

télégraphie électrique. On prétend qu'il imagina son appareil en 1833, mais il ne fut appliqué aux États-Unis, entre Washington et Baltimore, qu'en 1844 ; ce fut la première ligne télégraphique qui mit deux villes en communication. Le télégraphe Morse est maintenant employé dans tous les États de l'Europe.

Le récepteur se compose d'un électro-aimant AA (fig. 55), sur lequel vient appuyer une armature

Fig. 55.

B, qui termine l'extrémité d'un **levier BCD**, mobile autour du point C. A l'autre extrémité D, est une espèce de stylet métallique, qui peut appuyer plus ou moins sur une bande de papier E, enroulée sur

16.

le tambour G, et tirée d'une manière continue par le mouvement d'horlogerie H. Quand le courant passe, l'armature B s'abaisse, le stylet de l'extrémité D appuie sur la bande de papier qui se déroule et, suivant que le contact de l'armature est instantané ou prolongé, cette pointe trace des points ou des lignes qui, par leurs combinaisons, représentent les lettres de l'alphabet. Ainsi, par exemple, un point et une ligne (—·) représentent la lettre A; une ligne et trois points (—···) représentent la lettre B; une ligne, un point, une ligne et un point (—·—·) la lettre C, etc. Le ressort K rappelle en bas l'extrémité D du levier, et la pointe traçante ne touche plus la bande de papier, qui continue à se dérouler, quand le courant ne passe plus par le fil de l'électro-aimant.

Le manipulateur est plus simple (fig. 56). C'est un levier ABC, mobile autour d'un point B; la partie AB porte une petite partie métallique qui peut venir toucher la pièce en métal E, à laquelle est attaché l'un des pôles de la pile. G est un petit ressort qui maintient la partie du levier AB relevée, de manière que D ne touche pas la pièce métallique E. Le support de l'axe du levier ABC est en communication avec l'autre fil de la pile. Il en résulte que quand on abaisse le levier, de telle sorte que D touche E, le courant passe par l'électro-aimant du récepteur, et il est facile à l'expéditeur de faire tracer à volonté des points ou des lignes, et, par suite, de transmetttre la dépêche à expédier. La vis C a pour but de maintenir D en

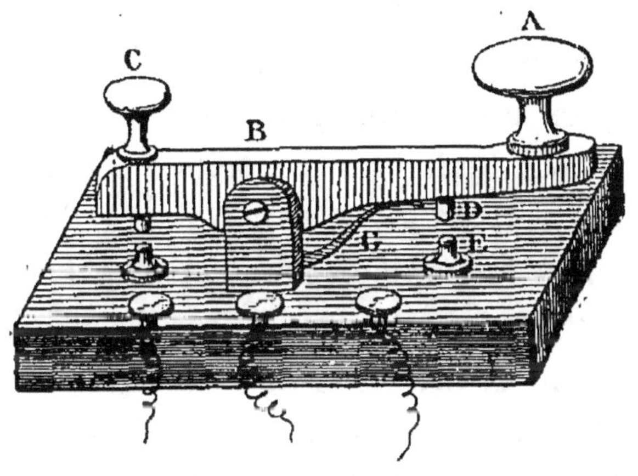

Fig. 56.

contact avec E; on dit alors que la *clef* est fermée. Dans le cas contraire, c'est-à-dire quand la vis C est détournée, de manière que le ressort G puisse agir, la clef est ouverte.

L'appareil Morse ne peut fonctionner d'une manière convenable que si l'électro-aimant a une force suffisante pour agir sur le levier, qui doit tracer les points et les lignes en gaufrant le papier, ce qui n'a pas lieu avec un courant venant directement d'une station éloignée. Aussi ne se sert-on de ce courant que pour ouvrir ou fermer le circuit d'un relai qui actionne directement le récepteur.

La marche de l'appareil Morse dépend aussi de l'équilibre entre la force du courant et l'énergie du ressort qui agit sur le levier de l'armature. M. Mouilleron a ajouté un *appareil régleur* qui rétablit automatiquement cet équilibre.

La bande de papier passe entre deux cylindres tendeurs dont l'un porte la rainure où la pointe mousse du levier gaufre, selon le besoin, les points ou les traits dont il faut laisser l'empreinte sur le ruban de papier. Dans le principe, ce dernier quittait parfois les cylindres et s'engageait sur leurs tourillons. M. Mouilleron a remplacé ces cylindres par deux autres, dont l'un est concave et l'autre est convexe, ce qui fait que la direction de la bande de papier ne peut plus dévier. C'est encore à M. Mouilleron que l'on doit le remplacement du mouvement à poids, employé dans le commencement, par une horloge à ressort, qui tient moins de place et qui fonctionne plus régulièrement.

Pour donner aux points et aux lignes, qui représentent les lettres, une régularité parfaite, ce que ne peut produire l'action de la main sur le manipulateur, M. Garnier a construit un cylindre semblable à celui des orgues de barbarie, sur lequel on peut composer la dépêche à expédier. Ce cylindre, adapté au manipulateur, transmet la dépêche avec des signes réguliers espacés de la même quantité les uns des autres ; il en est de même pour les mots et les phrases.

Dans le commencement, l'appareil Morse gaufrait seulement les signes sur la bande de papier, mais les frères Digney ont modifié le système de manière à faire marquer en noir ces signes. Du reste, Morse avait eu tout d'abord cette idée ; des difficultés pratiques, qu'il n'avait pu surmonter, l'avaient empêché de la réaliser. Dans l'appareil de MM. Digney, l'organe de traçage ne tient pas à l'armature de l'électro-aimant ; le levier de cette dernière ne fait qu'appliquer la bande de papier, à des intervalles divers et pendant des temps plus ou moins longs, sur un disque qui frotte contre un rouleau élastique imprégné d'encre grasse. Ce système est employé maintenant presque partout.

Télégraphe électro-chimique de Bain. — Quoique ce télégraphe n'ait pas donné tout ce que l'on semblait attendre de lui, je vous en parle pour vous donner une idée d'une série toute particulière d'appareils télégraphiques dans lesquels on n'emploie pas d'électro-aimants. Le mouvement d'horlogerie ne sert qu'à faire marcher une bande de papier préparée, sur laquelle l'action du courant produit une décomposition chimique colorée.

Le principe sur lequel reposent ces appareils

peut s'énoncer ainsi : En décomposant un sel métallique, le courant électrique fait paraître au pôle
négatif un produit coloré. Soit une bande de papier AB (fig. 57) imprégnée d'iodure de potassium,

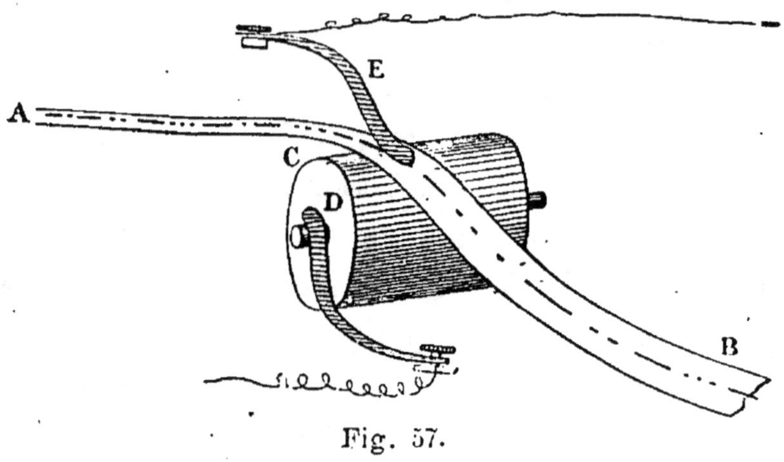

Fig. 57.

par exemple. C est un rouleau métallique, que fait
tourner un mouvement d'horlogerie, et dont l'axe
D est en communication avec le pôle positif de
la pile. Si l'on met en communication la lame métallique E, qui appuie le papier sur le rouleau C,
avec le pôle négatif de la pile, il y aura immédiatement une ligne noire marquée sur le papier par
le fait de la décomposition de l'iodure de potassium. Si le manipulateur, ou une clef semblable
à celle du télégraphe Morse, est dans le circuit,
on tracera à volonté des points ou des lignes
sur la bande de papier AB, suivant le temps pendant lequel on appuiera sur la clef.

Pour obtenir rapidement la transmission, la dépêche était d'abord traduite en caractères Morse, tracés sur une bande de papier ordinaire avec un emporte-pièce. Cette bande était placée sur un cylindre en cuivre en communication avec le fil allant au ressort E du récepteur. Un ressort communiquant avec le fil négatif de la pile appuyait cette bande de papier sur le cylindre.

Les deux bandes de papier, celle du récepteur et celle du manipulateur, animées d'un même mouvement, le courant passait toutes les fois que le ressort du manipulateur rencontrait un vide. dans la bande de papier, et instantanément un signe noir, semblable à celui enlevé à l'emporte-pièce, était tracé sur la bande de papier du récepteur.

On avait espéré que ce système donnerait une grande facilité et une grande rapidité dans la transmission des dépêches ; les expériences n'ont pas réalisé ces espérances, et ce genre de télégraphe a été laissé de côté.

Télégraphe de Hugues. — M. Hugues, professeur aux États-Unis d'Amérique, est l'inventeur d'un appareil télégraphique imprimant en caractères typographiques les dépêchs et les transmettant avec une grande rapidité.

Ce système (fig. 58) repose sur la similitude ou le synchronisme du mouvement des appareils

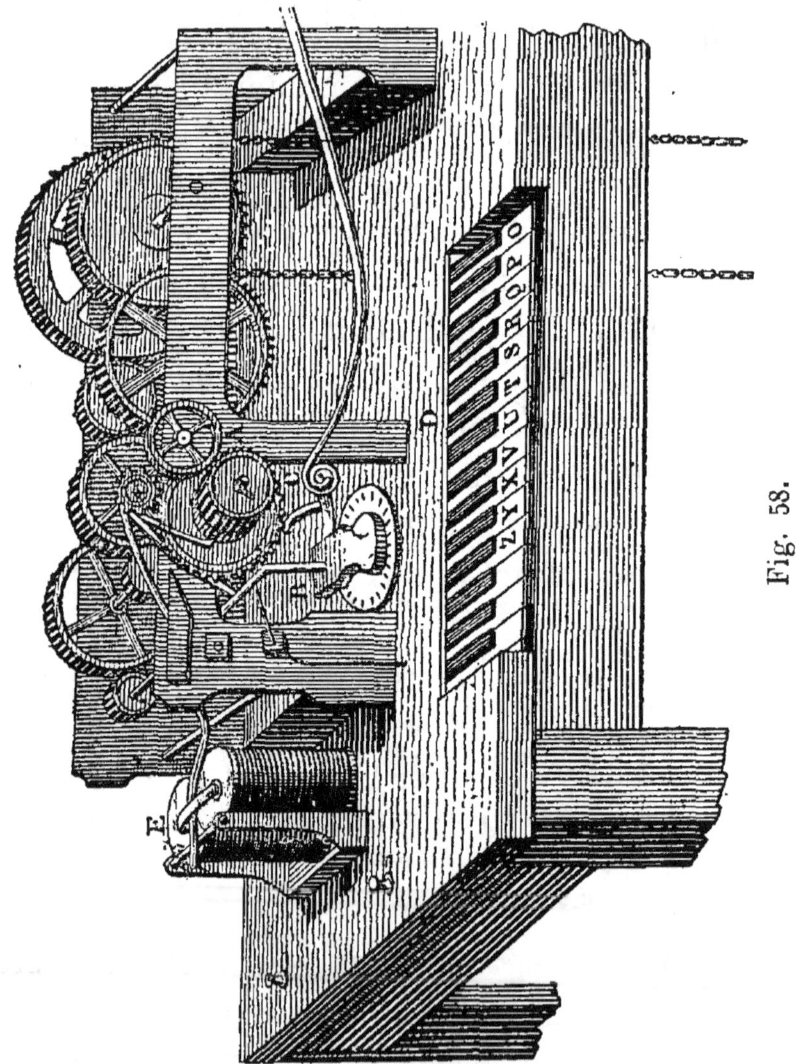

Fig. 58.

d'horlogerie employés; le courant électrique ne sert qu'à produire l'arrêt de ces appareils, et, par suite, peut être très-faible.

Les fonctions du manipulateur et du récepteur sont remplies par le même appareil, qui transmet et imprime en même temps la dépêche au point de départ, tout en l'imprimant au point d'arrivée; et, notez bien que l'on peut recevoir et envoyer, dans le même moment et sur le même fil, qui fait communiquer l'appareil d'une station avec celui d'une autre, des dépêches qui se croisent sans se mêler et sans produire de confusion. Ce système est employé par l'administration française pour les lignes les plus longues et sur lesquelles il y a le plus de dépêches.

Le mouvement est très-compliqué, mais aussi il est complet au point de vue de l'exactitude de la transmission.

Un même mécanisme d'horlogerie met en mouvement trois axes A, B et C. Le premier A, horizontal, porte une roue verticale sur laquelle sont les caractères d'impression ou les types; le second B, vertical, qui constitue le manipulateur, porte une espèce de bras horizontal, nommé *chariot*, qui tourne avec la même vitesse angulaire que la roue des types au-dessus d'un disque fixe horizontal, portant à sa circonférence des trous en nombre égal à celui des types. Dans chacun de ces trous passe une broche métallique ou *goujon*, qui communique avec l'une des touches d'un clavier D. Chacune de ces touches représente l'un des types de la roue portée par le premier axe. Quand on abaisse une des touches du clavier, le goujon se lève et, au moment ou le chariot passe au-dessus, le courant est fermé. Le troisième axe C produit l'impression, mais n'est mis en mouvement que quand le courant traverse le fil de l'électro-aimant; il porte des cames dont l'une soulève un petit cylindre sur lequel passe le papier, et l'applique contre la roue des types; une seconde came le fait tourner après l'impression. Le mouvement attractif de la roue des types et du rouleau d'impression n'altère pas la régularité du mouvement du chariot, parce que l'appareil porte un régulateur.

Là roue des types peut tourner à frottement doux sur son axe, une pédale peut l'arrêter ; pendant ce temps, le chariot continue à se mouvoir. Cette disposition permet de toujours rétablir la concordance entre ces deux organes.

Il me serait impossible de vous faire bien comprendre l'emploi de cet admirable instrument, sans que vous l'ayez sous les yeux; je vous en ai dit assez cependant pour que vous puissiez saisir les explications qui pourraient vous être données par un employé du télégraphe, qui agirait en votre présence.

Télégraphe Bonelli. — A l'Exposition de Turin, en 1858, M. Bonelli avait exposé un système de télégraphe électrique qui transmettait directement l'écriture.

Sur un ruban de papier, recouvert sur l'une de ses faces d'un enduit métallique, ou argenté, on écrivait la dépêche avec de l'encre ordinaire. Cinquante ou soixante fils de cuivre assez fins, isolés les uns des autres et tordus de manière à faire un cordon, étaient terminés aux deux bouts par une espèce de peigne, dont les dents étaient les extrémités des soixante fils.

Le manipulateur était un cylindre faisant passer le papier sur lequel était écrite la dépêche sous le peigne du point de départ; le récepteur était un autre cylindre, semblable au premier, faisant aussi dérouler sous le peigne du point d'arrivée une bande de papier préalablement trempée dans une solution alcaline, qui teignait le papier en vert ou en jaune, quand un courant électrique décomposait la solution.

Dès que l'appareil fonctionnait et que le courant circulait dans tous les fils formant les peignes qui grattaient, l'un sur la bande de papier où la dépêche était écrite et l'autre sur celle qui devait recevoir cette dépêche, l'interruption du courant se produisait toutes les fois qu'un fil passait au-dessus des caractères écrits. Il en résultait que toute la bande de papier du récepteur était teintée partout, excepté dans les endroits correspondant à l'écriture de la dépêche, et cette dernière se trouvait écrite en blanc sur un fond vert ou jaune. Cette écriture était très-lisible et restait inaltérable.

Ces cinquante ou soixante fils de cuivre, qui devaient être parfaitement isolés les uns des autres et avoir chacun toute la longueur de la ligne, constituaient une dépense de première installation considérable; aussi ce système semblait-il plutôt une expérience curieuse de cabinet, qu'un moyen pratique de transmettre les dépêches.

Télégraphe ou Pantélégraphe de Caselli. — Le Pantélégraphe de l'abbé Giovanni Caselli, professeur à Florence, arrive au même résultat que celui de M. Bonelli avec un seul fil au lieu de soixante. Comme le télégraphe de M. Bonelli, il peut transmettre l'écriture de l'expéditeur, un dessin, un plan, etc.

A la station de départ est une pointe métallique, assujettie à parcourir de droite à gauche, suivant des lignes parallèles successives, une surface convexe horizontale sur laquelle est placée, comme sur un pupitre, un papier métallique qui porte la dépêche écrite avec une encre ordinaire, mais un peu épaisse. Cette pointe, dans ses parcours successifs, passe inévitablement sur tous les points de la dépêche.

A la station d'arrivée est une autre pointe semblable, parcourant, dans le même temps et avec une régularité identique, une surface courbe semblable au pupitre du point de départ et recouverte d'une feuille de papier trempée dans un bain de cyanochlorure jaune de potassium et d'un peu de nitrate d'ammoniaque, pour maintenir l'humidité du papier.

Si, par exemple, comme vous allez le voir tout à l'heure, le courant est fermé toutes les fois que la pointe du point de départ passe sur l'encre isolante, la pointe du lieu d'arrivée engendrera, sur le papier chimique qui est sous elle, un point de bleu de Prusse. Tous ces points bleus reproduiront avec une exactitude scrupuleuse l'écriture, le dessin ou le plan placé au point de départ.

Mais que d'obstacles à vaincre avant de réaliser cette idée théorique!

1° Il fallait décharger instantanément le fil de la ligne au poste de réception, tout en le laissant chargé sur le parcours; c'était le seul moyen d'obtenir des traits nets et sans bavures. Pour cela, on devait en quelque sorte annuler l'électricité dès qu'elle avait produit l'effet voulu. tout en laissant la ligne chargée. L'inventeur y est arrivé par des combinaisons ingénieuses. Le fil de la ligne, pour une distance comme celle de Paris à Lyon, par exemple, est chargé d'une manière permanente par une batterie de 100 à 150 éléments de Daniell. Au delà de la batterie, à la station de départ, l'inventeur embranche un fil qui communique avec la terre ; c'est sur ce fil qu'est placé l'appareil expéditeur. Au point d'arrivée, l'appareil récepteur est toujours en communication avec le fil de la ligne, et, par suite, sa pointe tracerait des lignes colorées continues ; mais une petite pile de quelques éléments, interposée dans le circuit, envoie un courant inverse qui neutralise momentanément celui de la ligne.

2° Il fallait encore rendre rigoureusement solidaires les mouvements des deux pointes aux deux stations.

Le pantélégraphe Caselli se compose d'un long pendule AB (fig. 59) de deux mètres de longueur, terminé à sa partie inférieure par une lourde lentille B en fer doux, qui va alternativement toucher deux électro-aimants CC, placés l'un à droite, l'autre à gauche, et qui commandent la marche du pendule. Une bielle D, articulée vers le milieu de la tige du pendule, fait mouvoir un petit levier E, qui supporte le stylet ; au-dessous et en contact avec cette pointe, se trouve la surface cylindrique ou le

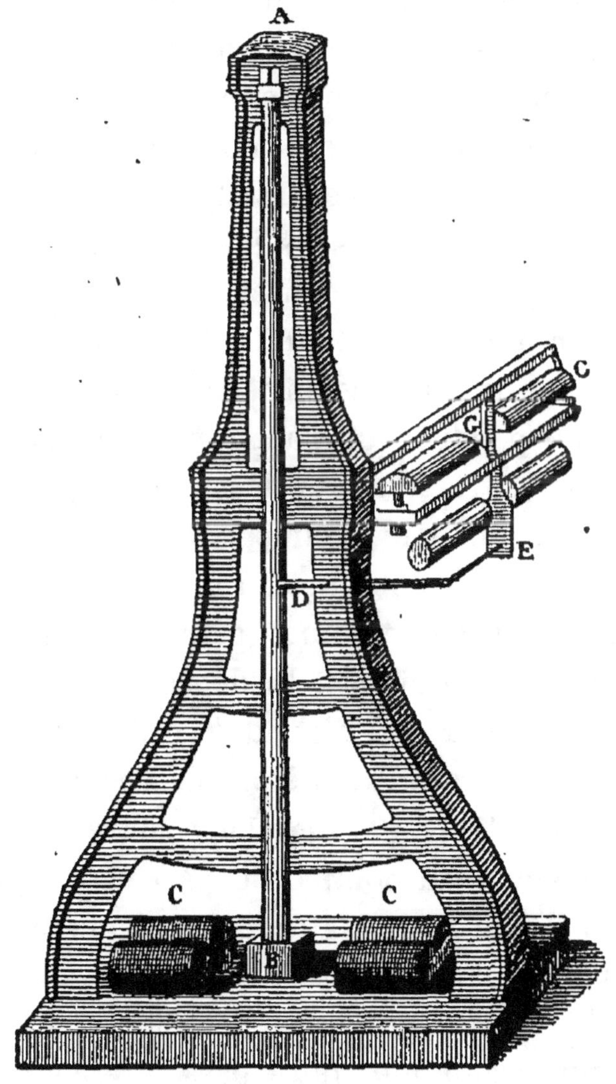

Fig. 59.

pupitre. Par ce moyen, le stylet, pour chaque oscillation du pendule, s'avance alternativement de

droite à gauche et de gauche à droite sur la feuille
de papier, en s'appuyant constamment sur elle, et
parcourt toute la surface du papier dans le sens
transversal. En même temps, et à chaque oscillation, une vis sans fin, commandée par un encli-
quetage, fait avancer le stylet d'une fraction de
millimètre dans le sens perpendiculaire. Ainsi, la
feuille qui porte la dépêche, le dessin ou le plan,
est parcourue par une infinité de lignes parallèles
très-rapprochées les unes des autres. De l'autre
côté du pendule, une autre petite bielle fait mouvoir un autre stylet au-dessus d'un pupitre cylindrique comme le premier, de sorte que l'on peut
expédier deux dépêches en même temps. A la station d'arrivée est un autre pantélégraphe semblable
au premier, qui écrit la dépêche ou les dépêches
envoyées, ou qui répond à celle envoyée avant
même que cette dernière soit terminée.

Pour obtenir une marche rigoureusement égale
des stylets, au point de départ et au point d'arrivée, il faut arriver au synchronisme des pendules
moteurs. L'inventeur a atteint ce but en employant
des horloges régulatrices dont le pendule vient, à
chaque oscillation, faire passer le courant d'une
petite pile locale dans le fil de l'un des électro-
aimants CC qui actionnent le grand pendule du
pantélégraphe.

Avec l'appareil Caselli, on transmet régulièrement trente dépêches de vingt mots à l'heure, et
l'on peut même aller jusqu'à soixante.

Différents systèmes de télégraphes électriques.
— Les physiciens et les mécaniciens cherchent
toujours des appareils meilleurs que ceux qui existent, c'est-à-dire pouvant transmettre un plus grand
nombre de dépêches dans le même temps, ou encore pouvant les transmettre à meilleur marché.
L'entretien des piles est une dépense considérable
que l'on voudrait supprimer. M. Wheatstone,
membre de la Société royale de Londres, est un
de ceux auxquels la télégraphie électrique devra
le plus, probablement. Il est le premier à avoir
séparé les traductions de la dépêche à expédier, de
l'expédition même. En 1858, E. Faraday entrete-
nait la Société royale de Londres d'une importante
découverte de M. Wheatstone, qui cherchait alors
à remplacer les piles compliquées par un appareil
produisant l'électricité à meilleur marché.

Applications des télégraphes électriques. — Non-
seulement le télégraphe électrique rend les rapports entre les peuples plus faciles et tend à abaisser les barrières qui les séparent, mais encore il
permet de donner des renseignements utiles aux

navires; les observatoires des différents lieux et des différents pays sont en communication les uns avec les autres. Tous les phénomènes physiques et atmosphériques, qui se présentent dans toutes les parties du monde, sont instantanément connus de tous. On peut donc, en quelque sorte, prédire avec certitude l'approche du mauvais temps. Au point de vue purement scientifique, les services rendus par les télégraphes électriques sont aussi grands; la simultanéité des observations faites, et leur connaissance instantanée, sont indispensables dans une foule de circonstances.

En Amérique, on emploie le télégraphe pour les envois d'argent. On dépose la somme que l'on veut faire parvenir au bureau et, au point d'arrivée, cette somme est versée à celui auquel elle est destinée.

Progrès poursuivis ou à réaliser. — Comme je vous l'ai déjà dit, toutes les recherches tendent à trouver toujours une mécanique plus expéditive, et une dépense d'expédition moins grande.

Il faut évidemment, pour arriver au premier résultat, rendre l'expédition tout à fait automatique, de manière à occuper la ligne le moins de temps possible. Il faut en outre conserver la trace de la dépêche envoyée, non-seulement celle donnée par l'expéditeur, mais encore la traduction expédiée et celle remise au destinataire; c'est le seul moyen de constater par qui a été commise une erreur dont les conséquences peuvent être graves. Pour toutes ces raisons, on doit séparer la traduction de l'expédition et de la réception. L'expédition laisse souvent à désirer; les fils sont parfois occupés par le gouvernement ou trop chargés de dépêches; alors les particuliers n'ont plus de moyens télégraphiques pour communiquer. Du moment que les télégraphes constituent un monopole en faveur de l'État, ce dernier doit prendre toutes les mesures possibles pour répondre aux besoins de ce service important.

Enfin, il faudrait arriver à mettre davantage les dépêches télégraphiques à la portée de tous en en diminuant le prix, et l'on constaterait que les revenus de l'État, au lieu de diminuer comme on semble le craindre, augmenteraient au contraire.

Télégraphe sous-marin entre la France et l'Amérique. — Je terminerai ce que j'ai à vous dire sur les télégraphes électriques par quelques notes sur celui qui unit la France à l'Amérique.

Dans la nuit du 20 au 21 juin 1869, le navire anglais le *Great-Eastern* commença l'immersion du câble, qu'il portait dans ses vastes flancs. En quittant la pointe du Minou, à l'entrée de Brest, il rencontra d'abord des fonds de six, huit et dix brasses (la brasse est de 5 pieds) pendant les deux ou trois premiers milles (le mille est de 1852 mètres). Le câble s'enfonça ensuite de 30, 60 à 90 brasses de profondeur, en remontant la côte d'Irlande. Alors la profondeur augmenta rapidement jusqu'à 200 brasses et passa tout à coup à 800 pour se maintenir dans des profondeurs assez régulières de 1,800 à 2,000 brasses, le câble reposant constamment sur des couches d'herbiers et de coquillages.

Le câble passe à quelque distance d'une roche appelée Job Rock, située un peu au delà du milieu de la distance qui sépare la côte de Bretagne de Terre-Neuve; il passe ensuite à moyenne distance au nord du Bonnet-Flamand et du Grand-Banc, pour atterrir à l'île Saint-Pierre, en face de la baie de Plaisance, au sud de Terre-Neuve. Là s'est terminée l'opération entreprise par le *Great-Eastern;* le 12 juillet, la soudure du câble qu'il portait a été faite avec le bout d'un câble d'atterrissage partant de la station télégraphique de l'île Saint-Pierre.

De cette station, un autre câble, par des profondeurs de 200 à 300 brasses, se dirige au sud en passant au large du cap Breton, de la Nouvelle-Écosse et du cap de Sable jusqu'au cap Cod, pour atterrir

à un point de la côte de Massachussets appelé Dux-
burg, où il est en communication avec New-York.

La longueur du câble immergé de Brest à l'île
Saint-Pierre est de 2,600 milles, et de 749 de Saint-
Pierre à la côte américaine.

Ce câble est un faisceau de 7 fils de cuivre isolés
les uns des autres et tordus ensemble; autour de ces
fils sont roulées quatre feuilles de gutta-percha, séparées l'une de l'autre au moyen de quatre couches
d'une composition isolante. Dix fils de fer galvani-
sés, enveloppés par des cordes de chanvre de
Manille goudronnées, entourent le tout. Il pèse
1,500 kilog. par mille dans l'eau et 3,100 kilog.
l'air libre; il peut supporter le poids de 6 milles de
sa longueur. Les câbles d'atterrissage sont plus
forts pour résister au frottement contre les rochers.
Un câble souterrain relie le Minou à Brest, où ré-
side le personnel administratif.

Des instruments placés dans la salle des expériences, que la ligne traverse avant d'arriver à la
salle de manipulation, servent à vérifier, chaque
matin à 9 heures, le degré d'isolement du câble.

Dans la salle de manipulation se trouvent le manipulateur et le récepteur.

TÉLÉGRAPHES PARLANTS

Téléphone de M. Bell. — M. Graham Bell est né à Édimbourg (Écosse). Son père instruisait les sourds-muets; sa méthode, pour les faire parler, est très-connue. Son fils le suivit dans cette voie et se signala par des résultats vraiment merveilleux; ainsi, après deux mois seulement, il parvint à faire parler une jeune sourde-muette, sa pupille.

Depuis longtemps, M. Bell s'occupait de son téléphone; il habitait alors l'Amérique. Il y a deux ans environ (1876), les journaux américains annoncèrent que M. Bell avait inventé un téléphone électrique qui, au moyen d'un fil, comme tous les appareils dont je viens de vous parler, transmettait à des distances considérables la voix humaine. Ils donnaient des détails si merveilleux que, tout d'abord, cette nouvelle fut accueillie en France avec la plus grande incrédulité. Il fallut que le recueil « *the Scientific american* », qui jouit d'une réputation légitime dans toute l'Europe, vînt confirmer l'admirable invention, pour dissiper les doutes.

Le téléphone de M. Bell est peu compliqué; il

est formé comme les tuyaux acoustiques, de deux
petits appareils que l'on peut prendre à la main et
réunir entre eux par un fil de cuivre isolé.

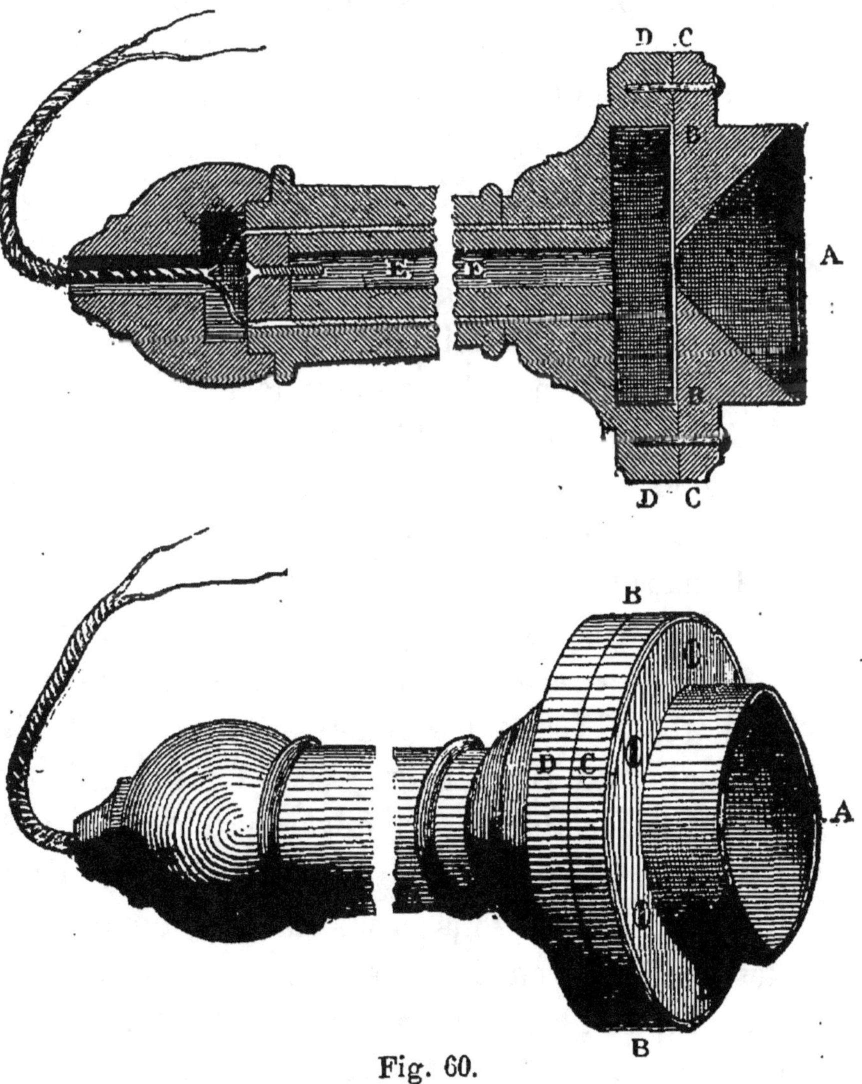

Fig. 60.

La fig. 60 représente un de ces appareils. A est

un petit entonnoir en bois, BB est une plaque
ronde de fer bien mince, retenue par son contour
entre les deux parties C et D de la monture. Cette
plaque, sous l'action des ondes sonores venant par
l'entonnoir, peut facilement vibrer. EE est une tige
d'acier aimanté, placée perpendiculairement à la
plaque vibrante et très-près de celle-ci. GG est une
petite bobine entourant l'extrémité de la tige d'a-
cier et très-près de la plaque vibrante. Le fil de la
bobine GG suit la tige d'acier, sort de la monture
et va entourer la bobine de l'autre appareil, qui est
absolument semblable au premier.

Les deux bouts du fil sont réunis entre eux, et,
en dehors des montures, le fil double est cordé de
manière à ne représenter qu'une espèce de corde.

Remarquez tout d'abord l'analogie qui existe
entre le téléphone de M. Bell, tel que je viens de
vous le décrire, et ce que je vous ai dit au sujet
de l'oreille. L'une des plaques vibrantes peut être
comparée au tympan qui reçoit les sons; l'autre
plaque, celle du second appareil, a beaucoup de
rapports avec la membrane de la fenêtre ovale,
qui transmet les sons reçus par le tympan. Le fil
des bobines remplace les osselets. Seulement,
l'œuvre de l'homme, le téléphone, est bien loin
de l'organe de l'ouïe, œuvre du Créateur de toutes
choses.

L'analogie dont je viens de vous parler est encore plus sensible dans l'appareil suivant, que vous pouvez faire vous-même, et qui constitue un véritable téléphone primitif.

A et B sont deux petits cylindres de fer-blanc, deux boîtes de conserves sans fond et, par suite, ouvertes aux deux extrémités. C et C sont deux morceaux de parchemin collés sur l'une des bases des cylindres. D est un fil quelconque, retenu au centre de chacun des parchemins, isolé sur toute sa longueur et pouvant avoir plusieurs centaines de mètres. Si l'on parle dans l'une des boîtes, les paroles prononcées sont transmises par le fil à l'autre boîte, comme elles le seraient dans un tuyau acoustique.

Ainsi donc, le téléphone se compose essentiellement de deux plaques pouvant vibrer sous l'action des ondes sonores, et placées à une distance plus ou moins grande l'une de l'autre, mais en communication l'une avec l'autre. Si l'on fait entendre des sons près de l'une des plaques vibrantes, ces

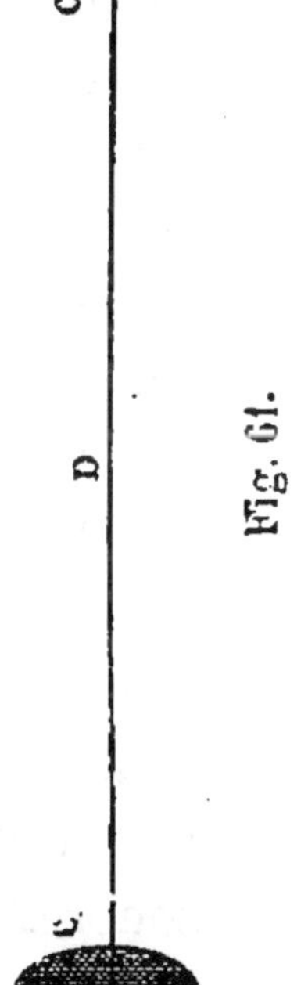

sons seront exactement reproduits par l'autre plaque vibrante.

Vous pouvez voir que l'instrument inventé par M. Bell est déjà plus compliqué que celui représenté par la figure 61, et l'électricité y joue son rôle. La communication d'une plaque à l'autre est basée sur cette observation : les vibrations d'une plaque de fer, devant le pôle d'un barreau aimanté, déterminent des courants électriques dont la durée est égale à celle des mouvements de la plaque qui vibre. Ces courants donnent naissance, dans le fil des bobines GG (fig. 60), à des courants induits qui déterminent, dans le second barreau aimanté, des courants semblables à ceux qui ont parcouru le premier. Et ce second barreau produit sur la seconde plaque des vibrations exactement semblables à celles éprouvées par la première. Ces dernières vibrations forment dans l'air ambiant des ondes sonores identiques à celles qui ont fait vibrer la première plaque, de sorte que les sons émis sont répétés.

En résumé, le téléphone transforme les ondes sonores en ondes électriques, qui, à leur tour, sont transformées en ondes sonores par la vibration de la plaque d'arrivée. C'est un phénomène nouveau, qui vient s'ajouter à tant d'autres, pour montrer que le son, l'électricité, la lumière, la chaleur, ne sont que des manifestations différentes d'une même force, et peuvent se substituer l'une à l'autre ou les unes aux autres.

L'invention du téléphone est d'hier, aussi laisse-t-il beaucoup à désirer; mais les chercheurs y appliquent leur intelligence, et bientôt cet instrument, peut-être complétement modifié dans sa forme primitive, comptera au nombre des moyens pratiques employés par l'homme pour transmettre au loin sa voix et sa pensée.

L'invention de M. Bell figura à l'exposition internationale de Philadelphie; les premières expériences se firent entre le centre de l'exposition et l'une des extrémités de la ville. Une conversation put s'établir entre les personnes placées à ces deux points éloignés. D'autres expériences suivirent; elles eurent lieu sur des chemins de fer entre deux stations, et donnèrent de bons résultats.

M. Bréguet, de l'Académie des sciences, un des hommes les plus autorisés et les plus compétents dans ces sortes de questions, a d'abord fait l'essai de cet instrument si simple dans sa construction; les résultats qu'il a obtenus ont été si remarquables qu'il les a soumis à l'Académie des sciences. A une distance de 30 kilomètres, les sons se transmettent avec une netteté si grande, qu'il est possible de distinguer les sons de la voix humaine de

ceux produits par un instrument quelconque. On
peut même reconnaître l'organe d'une personne
connue. M. Bréguet a introduit, dans le circuit de
ce télégraphe, une résistance égale à celle opposée
par 1,000 kilomètres de fil; les sons, quoique plus
faibles, n'en étaient pas moins distincts. Parfois
l'instrument semble capricieux et ne donne pas les
résultats que l'on attend de lui; non-seulement il
faut tenir compte des perfectionnements sans nombre dont est susceptible toute invention nouvelle,
mais il faut aussi faire la part du peu d'expérience
des expérimentateurs.

L'isolement complet du fil, qui joint les deux
appareils d'un téléphone, est indispensable; les
sons transmis sont d'autant plus faibles que le fil
de transmission est plus long. Mais il sera facile
de produire l'isolement du fil, et l'on pourra certainement trouver le moyen de renforcer les sons à
l'arrivée. Vous verrez, du reste, tout à l'heure, que
cette dernière condition est à peu près réalisée par
l'aérophone.

Phonographe de M. Edison. — Le phonographe
de M. Edison, qui a suivi ou qui est arrivé en
même temps que le téléphone, inscrit la parole
humaine sur une feuille d'étain et la reproduit ensuite, avec ses inflexions, sa tonalité et même ses

expressions particulières. Si l'instrument que l'on possède aujourd'hui laisse encore à désirer, attendons quelque temps et il sera vite perfectionné.

Quoi qu'il en soit, quand on voit cette petite machine, d'une si grande simplicité, on reste en admiration devant le résultat obtenu. Le phonographe est certainement, même dans l'état actuel des choses, une des plus merveilleuses inventions de notre siècle.

L'heureux inventeur du phonographe est un Américain, M. Edison, ingénieur de la ligne télégraphique *Western Union*; il est tout jeune encore; c'est un des esprits inventifs les plus extraordinaires de notre temps. Toujours travaillant, toujours cherchant, et poursuivant ses recherches avec cette opiniâtreté ou cette foi, qui n'est donnée qu'aux véritables inventeurs.

On lui doit déjà une foule d'inventions, parmi lesquelles je citerai les suivantes, concernant les télégraphes électriques :

Le *Stock-Télégraphe*, destiné à transmettre les nombres avec une rapidité beaucoup plus grande que celle que l'on peut obtenir avec les télégraphes électriques connus. Il sert surtout à faire connaître, aux différentes villes de commerce des États-Unis, les cours des halles et des marchés.

Le *Quadruple-Télégraphe*, qui permet de faire

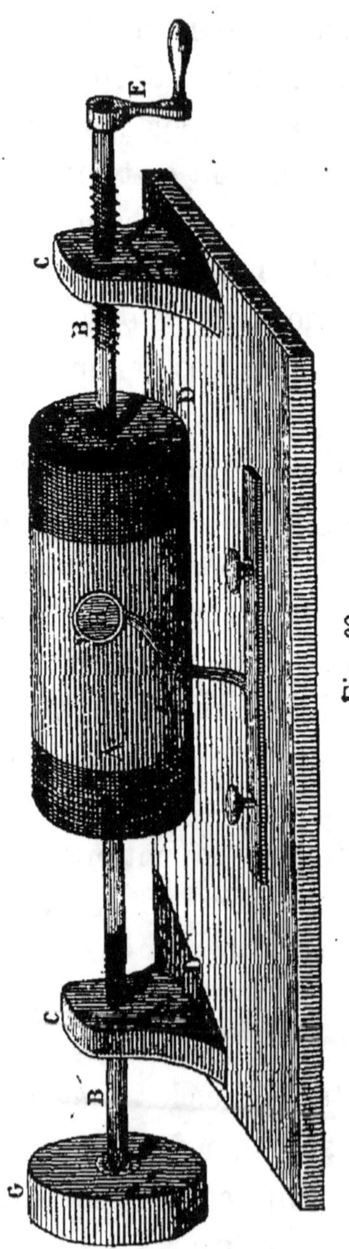

Fig. 62.

passer en même temps, par le même fil, quatre dépêches différentes. L'appareil récepteur, au lieu de destination, démêle automatiquement ces quatre dépêches enchevêtrées les unes dans les autres, et les reconstruit distinctes et séparées.

Il y a encore l'*Electromonographe* et la *Plume électrique*, dont il serait trop long de parler.

Le phonographe se compose essentiellement d'un cylindre A (fig. 62) rayé suivant une courbe en forme d'hélice, et porté par un axe BB fileté à l'une de ses extrémités. Le pas de cette vis est le même que celui de l'hélice du cylindre. L'axe est supporté par des coussinets fixés sur le plateau DD.

L'axe BB porte, à l'une de ses extrémités, une

manivelle E; à l'autre, un petit volant G, dont le but est de rendre uniforme le mouvement donné au cylindre A au moyen de la manivelle E. Le pas de vis de l'axe, engagé dans un coussinet formant écrou, fait que le mouvement donné au cylindre est non-seulement rotatif, mais encore rectiligne, puisque la vis de l'axe le fait avancer d'une manière continue, soit à droite, soit à gauche, suivant le sens du mouvement donné à la manivelle.

Devant le cylindre se trouve un petit instrument H en forme d'entonnoir, supporté dans sa position par une tige fixée sur le plateau DD, mais permettant de rapprocher ou d'éloigner l'entonnoir du cylindre. Cette partie du phonographe, devant laquelle on parle, se compose des pièces suivantes : L'embouchure, ressemblant à un entonnoir; une plaque vibrante en tôle de fer, circulaire et très-mince, comme celle d'un téléphone, placée immédiatement derrière l'embouchure; derrière la plaque vibrante, un stylet ou pointe, supporté par un ressort maintenu par une tige.

Ce ressort est relié avec la plaque vibrante au moyen d'un petit morceau de caoutchouc fixé à l'un et à l'autre, de telle sorte que toutes les vibrations de la plaque soient immédiatement et simultanément reproduites par le stylet et que, réciproquement, les mouvements ou vibrations du stylet soient reproduits par la plaque. On peut rapprocher assez l'ensemble de ces trois organes pour que le stylet touche le cylindre, mais il ne doit exercer aucune pression sur lui.

Sur le cylindre, on place une feuille d'étain bien mince.

Si l'on parle dans l'embouchure du phonographe, la plaque vibre sous l'action des ondes sonores qui sortent de la bouche ; le stylet, qui fait corps avec elle, vibre aussi à l'émission et se trouve par suite animé d'une espèce de tremblement. Chaque fois qu'il appuie sur la feuille d'étain, quoique cette pression soit excessivement faible, il laisse un creux dans la feuille d'étain. Si, tout en parlant, on agit sur la manivelle pour faire tourner le cylindre, le stylet suivra forcément l'hélice du cylindre et tracera, à la suite les uns des autres, des creux qui seront la représentation des sons émis dans l'embouchure de l'instrument, paroles ou chant, peu importe.

Par suite, la phrase quelconque prononcée dans l'embouchure se trouvera gravée sur la feuille d'étain ; le phonographe inscrit donc les vibrations sous l'influence desquelles il est placé. Telle est la première opération du phonographe.

Pour lui faire répéter, autant de fois qu'on le voudra, la phrase ou les phrases qu'il a enregistrées, il suffit de faire vibrer la plaque, exactement comme elle l'a fait sous l'action des ondes sonores qu'elle a reçues.

Si donc, écartant le stylet du cylindre, on fait revenir ce dernier à son point de départ, en tournant la manivelle en sens contraire; si alors on rapproche le stylet de telle sorte qu'il puisse suivre exactement les traces qu'il a laissées, et que l'on tourne la manivelle dans le sens voulu pour que le stylet suive de nouveau le chemin parcouru lors de l'émission des sons, le stylet éprouvera, en passant sur ses traces, exactement les mêmes mouvements, qui seront communiqués à la plaque vibrante, et les ondes sonores engendrées par ces vibrations reproduiront les sons émis et enregistrés sur la feuille d'étain.

Vous voyez que la théorie du phonographe est aussi simple que sa construction. Mais, comme toute chose humaine, il a besoin de grandes modifications, de grands perfectionnements, dont on a déjà réalisé une partie.

Dans l'état actuel des choses, le phonographe ne restitue, en valeur, que la moitié ou le tiers des sons enregistrés ; la manœuvre de la manivelle est excessivement délicate; si l'on ne donne pas au cylindre une vitesse exactement identique à celle qu'il avait lors de la réception, les sons ne sont plus fidèlement rendus, et les rapports entre ces sons ne sont plus les mêmes ; enfin, il est difficile de fixer la feuille d'étain sur le cylindre, et encore plus difficile de la replacer quand elle a été enlevée.

Pour le mouvement régulier du cylindre, pour obtenir une vitesse régulière toujours la même, on a remplacé l'action si variable de la main par celle donnée par un mouvement d'horlogerie.

Pour la difficulté de la mise en place de la feuille d'étain, M. Edison a remplacé le cylindre par un plateau horizontal, tournant horizontalement; l'appareil récepteur est alors placé perpendiculairement à ce plateau. Cette disposition permet de fixer facilement la feuille d'étain. Grâce à ce perfectionnement, M. Edison est parvenu à enregistrer une nouvelle contenant 50,000 mots, et à la faire répéter par le phonographe.

Pour donner plus de force aux sons rendus, pour augmenter leur intensité, on emploie un appareil transmetteur. C'est une espèce de pavillon de porte-voix, dont la petite ouverture est fermée par un morceau de papier collé tout autour. Devant ce diaphragme en papier est un léger ressort vertical, terminé par un stylet semblable à celui du récepteur. Le stylet est solidaire du diaphragme par le moyen d'un fil de soie convenablement tendu. Cet appareil se place devant le cylindre, de telle sorte que le stylet de l'appareil transmetteur recommence exactement la même course que celui du récepteur.

Aérophone de M. Edison. — En vous parlant des perfectionnements à réaliser pour le téléphone, je vous disais que les sons reçus étaient beaucoup plus faibles que ceux émis, et que cette différence était dépendante des distances parcourues; pour le phonographe, il y a aussi une grande déperdition du son. Il fallait donc, pour compléter ces instruments, trouver le moyen d'augmenter l'intensité des sons, comme le microscope augmente les dimensions des corps que nous ne pouvons voir. C'est pour atteindre ce but que M. Edison a inventé l'aérophone, qui permet, dit-on, de donner aux sons émis une intensité 500 fois plus grande; en parlant dans cet instrument, on pourrait se faire entendre à deux lieues. La construction de cet appareil, dont aucun spécimen n'est encore venu en France, est basée sur cette observation, que la voix augmente d'intensité quand on parle dans un courant d'air. C'est en combinant ce phénomène avec ceux des plaques vibrantes, que M. Edison aurait construit son aérophone.

Combinaisons possibles du téléphone, du phonographe et de l'aérophone. — Ces trois instruments, qui semblent devoir se compléter, ont un élément commun, la plaque vibrante. On pourra donc certainement les réunir en un seul, appelé à rendre de grands services à l'homme pour communiquer sa pensée.

Je me suis beaucoup étendu sur ces découvertes récentes, parce qu'elles font entrer l'esprit humain dans une voie toute nouvelle. L'électricité joue bien encore un rôle dans le téléphone, mais elle disparaît complétement dans le phonographe et dans l'aérophone, qui ne sont plus basés que sur les phénomènes des plaques vibrantes et la théorie des sons.

Il est impossible de prévoir les résultats que l'homme obtiendra, mais on peut prédire qu'ils seront considérables.

LES POSTES

Historique. — Parmi les moyens que l'homme emploie pour communiquer au loin ses pensées, les postes aux lettres sont certainement le plus puissant pour établir des rapports et des communications entre les individus d'un même pays, et entre ceux des différentes nations; elles portent sur tous les points de la terre les lettres, les journaux, les publications de toutes sortes, les papiers d'affaires, les échantillons d'une foule de marchandises, et même elles transmettent les sommes d'argent.

Dans l'antiquité, cette admirable institution ne semble pas avoir été connue; il est bien question d'oiseaux, de chiens faisant l'office de messagers, mais on ne trouve aucune trace de relais. Cependant, au dire d'Hérodote (1) et de Xénophon (2), Cyrus, roi des Perses, à l'époque de l'expédition de Scythie, environ 500 ans avant J.-C., aurait établi des communications entre la mer Grecque et Suze, au moyen d'un certain nombre d'étapes royales, distantes l'une de l'autre d'une journée de marche.

Chez les Romains, Auguste fut le premier qui établit des relais sur les routes, pour la rapidité des communications. Lors de la conquête du Pérou, en 1532, on a trouvé des relais d'hommes établis de Cusco à Quito, c'est-à-dire sur une longueur de cinq cents lieues environ.

Quant à la France, à part quelques essais qui datent de Charlemagne, c'est en 1464, sous Louis XI, qu'on trouve véritablement la création de la poste. L'Université de Paris, la première de l'Europe alors, avait établi des relais sur toutes les routes du royaume, pour faciliter les correspondances de ses nombreux élèves avec leurs familles. Le gouvernement profita de ce commencement d'organi-

---

(1) Hérodote, né à Halicarnasse, en Carie, en 484, et mort en 405 av. J.-C., fut le père de l'histoire grecque.

(2) Xénophon, général et historien grec, né dans l'Attique en 445 et mort en 355 av. J.-C. — C'est le héros de la fameuse retraite des dix-mille.

sation pour faire transporter ses dépêches, et,
bientôt, il transporta les lettres des particuliers
moyennant rétribution. Mais, sous Louis XIII seulement, le service des postes prit une forme régu-
lière. Depuis cette époque, l'œuvre primitive a été
perfectionnée ; aujourd'hui, c'est une immense administration qui a des employés dans les plus
petites localités ; le pauvre, comme le riche, reçoit
ses lettres avec la même régularité. Elle se charge
de faire parvenir à tous les points du monde ce
qu'on lui a confié, car il existe aujourd'hui des
conventions postales entre tous les États. Non-seulement les chemins de fer et les paquebots de tous
les pays transportent les lettres, mais encore une
multitude de courriers à cheval ou en voiture et
une véritable armée de facteurs parcourent toutes
les routes, tous les sentiers de la France, et vont
porter les lettres à domicile dans les bourgades les
plus éloignées et les maisons les plus isolées.

Les lettres confiées à la poste sont sous la sauve-
garde de la bonne foi publique, et la loi punit sé-
vèrement ceux qui violent le secret des lettres.
Malgré ces sages dispositions, l'histoire nous
montre que les gouvernants ont souvent abusé du
monopole du transport des lettres. La poste a souvent été un moyen d'espionnage avoué : Richelieu
serait le créateur d'un bureau, dit cabinet du roi,

dans lequel on décachetait les lettres pour connaître leur contenu ; il aurait existé jusqu'à la Révolution, et plus tard, il aurait reparu sous le nom de bureau de l'empereur. Sous la Restauration, il était connu sous le nom de cabinet noir, et il semble que tous les systèmes politiques en ont fait usage.

En dehors des abus odieux commis par les autorités, instituées pour protéger la morale et la sûreté publiques, l'institution des postes a contribué et contribue toujours puissamment au progrès de la civilisation, comme les grandes routes, les canaux, la navigation, les chemins de fer et les bateaux à vapeur.

Idée générale du service des postes en France. — Dans toutes les villes de France, dans tous les chefs-lieux de canton et même dans beaucoup de simples communes, il existe des bureaux de poste qui reçoivent les lettres, et tous les autres articles que la poste transporte. Tous ces objets sont triés et rangés par paquets portant l'adresse des localités où s'arrêtent les trains-postes. Les bureaux mobiles, qui font partie de ces trains, reçoivent eux-mêmes les lettres surtout le parcours et les classent pour les remettre aux gares les plus rapprochées des lieux de distribution. A chaque gare, un

courrier attend le train et porte les paquets aux
bureaux qu'il dessert. A chacun de ces bureaux, le
classement est fait par communes, et les facteurs
portent les lettres aux personnes auxquelles elles
sont adressées.

Ces mêmes facteurs rapportent aux bureaux les
lettres qui leur ont été remises, ou qu'ils ont prises
dans les boîtes destinées à les recevoir; elles sont
classées et dirigées vers leur destination et portées
aux personnes auxquelles elles sont adressées.

Autrefois, on payait suivant la distance parcourue; aujourd'hui, il y a une taxe unique de 15 centimes par lettre cachetée pesant au plus 15 grammes. Avant la guerre de 1870, cette taxe était de
20 centimes. En Angleterre, elle n'est plus que
de 10 centimes environ; le nombre des correspondances est beaucoup plus considérable qu'en
France, et les revenus de l'administration ont crû
avec la diminution de la taxe.

L'administration française travaille continuellement à compléter son service; aujourd'hui, le
télégraphe et les postes ne font plus qu'une seule
administration. Chaque jour on crée de nouveaux
bureaux de poste, et l'on organise le service pour
que les lettres arrivent avec plus de rapidité dans
les lieux qui ne sont pas sur le parcours des chemins de fer. Le service des facteurs ruraux sera

certainement modifié de manière à ce que les courriers arrivent le matin, et que les réponses soient emportées le soir. Dans les grandes villes, on tend à augmenter le nombre des distributions et celui des levées dans la journée.

FIN

TABLE DES MATIÈRES

Pages.

Préface 1

ORGANE DE LA VUE

ET MOYENS QUE L'HOMME EMPLOIE POUR LA CORRIGER

Figures.

1. **Structure de l'œil.** Orbite, paupières, cils, sourcils, muscles, glandes lacrymales, nerf optique, sclérotique ou cornée opaque, cornée transparente, choroïde, pigmentum, iris, pupille, procès ciliaires, cristallin, hialoïde, humeur vitrée, humeur aqueuse, nerf optique, rétine........ 1

Marche des rayons lumineux dans l'œil; achromatisme de l'œil; images renversées sur la rétine; superposition de deux images distinctes du même objet, produites dans les yeux; persistance des sensations lumineuses; vues imparfaites, visions multiples, demi-visions. 5

Appréciation des distances malgré les illusions produites par le sens de la vue, angle optique, angle visuel............................... 9

Comment l'homme corrige les défauts de sa vue. 11

Presbytes, myopes, distance de la vue distincte, vues longues, vues courtes ou basses, besicles ou lunettes............................... Ib.

ORGANE DE LA VOIX CHEZ L'HOMME

Figures.   Pages.

2. Larynx, glotte, épiglotte, pharynx, œsophage,
      appeaux, rhume de cerveau................. 14

ORGANE DE L'OUIE

3. Oreille externe, pavillon, conduit auditif, tympan;
      oreille moyenne, caisse du tympan, osselets, fe-
      nêtre ovale, fenêtre ronde, orifice de la trompe
      d'Eustache, marteau, enclume, os lenticulaire,
      étrier; oreille interne, labyrinthe, vestibule,
      canaux semi-circulaires, limaçon, vestibule;
      nerf acoustique............................ 17
    Comment l'homme fait entendre sa voix au
      loin; comment il peut converser avec son
      semblable à grande distance, et comment
      il peut diminuer les imperfections de l'ouïe. 21
    La voix de l'homme ne se fait entendre qu'à une
      petite distance............................ Ib.
4. Porte-voix, pavillon, embouchure, braillard..... 22
    Cornets acoustiques........................... 23
5. Tuyaux acoustiques............................ 24

LANGAGE

Définition du langage......................... 26
Idées générales sur l'origine des langues........ Ib.
Langage écrit................................. 29
Grandes inventions modernes.................. 30

PAPIER

Figures.		Pages.
	Historique. Pline. Stylet. Pergame............	32
	Papyrus, sa fabrication, momies...............	34
	Papier d'écorce d'arbres.....................	35
	Parchemin, parchemin vierge ou vélin.........	Ib.
	Papier......................	36
	Délissage	37
	Grillage.....................	38
	Nettoyage à sec, loup ou diable..............	Ib.
	Lessivage......................	39
	Lavage des chiffons lessivés.................	Ib.
6.	Défilage des chiffons, pile de maillets, pile de cylindre, platine.....................	Ib.
	Blanchissage.....................	42
	Raffinage, pile raffineuse.....................	Ib.
	Collage et azurage, colophane...............	43
	Fabrication du papier à la main ou papier de cuve, forme, vergeure, frisquette, ouvreur, coucheur, séchoir, bouton, lissage, papier lisse, papier satiné, papier glacé, mains, rames.....	Ib.
7.	Fabrication du papier à la mécanique. Louis-Robert Didot, Saint-Léger, Colla, Sorel......	46
	Différentes espèces de papier. Papier collé, papier non collé.....................	52
	Papiers vélin, les frères Mongolfier............	Ib.
	Papiers-linge.....................	Ib.
	Papiers gélatine ou à calquer...............	53
	Papiers maroquinés.....................	Ib.
	Papiers à filtrer.....................	Ib.
	Papiers réactifs	Ib.
	Papiers de soie ou papier Joseph............	Ib.
	Papiers de sûreté.....................	Ib.
	Papiers peints.....................	54

IMPRIMERIE OU TYPOGRAPHIE

Figures.   Pages.

Historique. Manuscrits, imprimerie tabellaire, Gutenberg ou Hans Gensfleich, Heilman, André Dryzchen, Riff, Jean Faust, Pierre Schœffer 55

8. **Imprimerie.** Typographie, gravure, lithographie 63

9, 10 Typographie. Caractères, le corps, l'œil, composition, compositeur, espaces, interlignes, galée, marbre, mettre en page, garnitures, châssis ou formes, in-folio, in-quarto, in-octavo, in-douze, in-dix-huit, côté de première, côté de seconde, correcteur, copie .... *Ib.*

11. **Presse typographique,** platine, tympan, frisquette 69

Imprimerie à bras 71

12. Imprimerie mécanique, William Nicholson, Kœnig, Bauer 72

Clichage, clichés 73

GRAVURE

Gravure en creux ou en taille-douce, gravure en relief ou en taille d'épargne 77

13, 14. Gravure en creux ou en taille-douce, eau-forte, gravure au burin. Mazo Finiguerra, Marc Antoine Raimondi, Raphaël ; taille, burins, gravure en creux à l'eau-forte, gravure à l'eau-forte et au burin appelée aussi eau-forte de graveur. *Ib.*

Procédés employés pour imiter le dessin et le lavis, gravure en manière noire. Berceau. Aquatinte, grains, gravure au pointillé, gravure au vernis mou 82

Figures.   Pages.

Gravure au moyen d'un jet de sable ou d'émeri.   85
Moyens mécaniques de graver, roulettes, machi-
    nes à graver....................................   86
15. Impression en taille-douce, boîte..............   Ib.
Tirage en couleurs................................   89
Gravure en relief ou taille d'épargne...........   Ib.
Gravure sur bois..................................   91
Gravure en relief sur métal.....................   92
Stéréotypie, flans................................   93

LITHOGRAPHIE

Historique. Aloys Senefelder, Solenhofen......   96
Pierres lithographiques..........................   101
Encre et crayons lithographiques...............   102
Opérations diverses qui constituent la lithogra-
    phie, pierre grenée...........................   Ib.
16. Presse lithographique........................   103
Tirage lithographique, maculature..............   106
Différentes manières d'écrire et de dessiner sur
    pierre..   107
Retouches et corrections.........................   108
Zincographie.....................................   Ib.
Autographie......................................   109
Transport sur pierre.............................   110
Chromo-lithographie ou lithographie en couleurs.   111
Gravure sur pierre................................   112

PHOTOGRAPHIE

Historique. Acide marin, lune ou argent corné,
    Niepce, héliographie, Daguerre. méthode Niepce
    perfectionnée   114

Figures.   Pages.

17, 18, Daguerréotype, nettoyer et polir les plaques, ren-
19, 20,   dre le dessus de l'argent sensible à la lumière,
  21.   planchette, boîte à iode, châssis à coulisses et
             à volets, exposer la plaque dans la chambre
             noire, faire apparaître l'image, fixer l'image.. 120
         Progrès de la découverte de Daguerre, substances
             amélioratrices, verres continuateurs.......... 128
         Recherches pour substituer le papier aux plaques
             argentées................................ 130
         Papier de M. Talbot, papier calotype, développe-
             ment de l'image.......................... 131
         Épreuves négatives, épreuves positives, papier
             positif de M. Talbot...................... 133
         Papier ciré de M. Legray, cirage du papier né-
             gatif, papier ioduré de M. Legray........... 134
         Papier positif de M. Legray, tirage des épreuves
             positives, clichés........................ 137
         Photographie sur verre.................... 140
         Préparation et emploi de l'albumine........... 141
         Albuminage des glaces, sensibiliser l'albumine des
             glaces, exposition dans la chambre noire, déve-
             lopper l'image, tirage de l'épreuve........... 142
         Albuminage du papier, sensibiliser l'albumine, ex-
             position dans la chambre noire, développement
             et virage de l'image, tirage de l'épreuve....... 143
22, 23, **Préparation du collodion et son emploi.** Collo-
24, 25.   dion photographique, nettoyage des plaques,
             dimensions des glaces, porte-glace, étendre le
             collodion sur la glace, sensibiliser la couche
             de collodion.............................. 144
26, 27, Chambre noire de l'objectif, rayon chimique,
28, 29.   image trouble ou flou. Objectif double, objectif
             simple ou conique, objectif orthoscopique. Dia-
             phragmes, pied de la chambre noire......... 152

Figures.   Pages.

Mettre au point........................... 157
Exposition dans la chambre noire............. 159
Développement de l'image, couperose verte..... 160
Fixage de l'image........................... 161
Renforcer l'image......................... *Ib.*
Gommer et vernir l'image.................... *Ib.*
Retouches des épreuves négatives, points brillants,
    points opaques, ciels trop sombres.......... 162
Épreuves positives......................... 163
Différence entre le daguerréotype et la photo-
    graphie................................ 164
Emploi des substances inertes, photographie
    au charbon............................. *Ib.*
Reproduction, agrandissement, diminution..... 166
Épreuves instantanées...................... *Ib.*
Épreuves microscopiques.................... 167
Épreuves stéréoscopiques................... 168
Portraits-carte............................ 169
Photographies en couleurs, rouges, vertes, vio-
    lettes, bleues........................... 171
30. Photographies de campagne, méthode du major
    américain Russel. Le Scénographe.......... 173

APPLICATIONS DE LA PHOTOGRAPHIE

Au maintien des relations de famille. Reproduction des objets d'art. Application à la gravure,
à la lithographie, à l'astronomie. Photographies
du fond de la mer. Application à la construction
et à la surveillance des travaux, au lever des
plans et à la construction des cartes géogra-
phiques, à la recherche des criminels. Reproduction des dépêches. Images des dernières
scènes de la vie gravées sur la rétine..... 181

DÉPOTS MÉTALLIQUES

Figures.   Pages.

But des dépôts métalliques dans les arts. Dépôts
indirects, dépôts directs...................... 187

ÉLECTRO-MÉTALLURGIE

Son but. Galvanoplastie. Electro-chimie....... 188

GALVANOPLASTIE

31. **Historique.** Expériences de M. Spencer et de
    M. Jacobi................................. *Ib.*
    Appareils galvanoplastiques.............. 191
32, 33, Appareils simples, appareils que l'on peut faire
34, 35.   soi-même. Amalgamer le zinc. Fondre les
    plaques de zinc. Faire des vases poreux en
    plâtre. Appareils remédiant au peu d'unifor-
    mité des dépôts.......................... 192
36, 37. Appareils composés, manière de charger l'appa-
    reil, quand la cuve à décomposition a plusieurs
    compartiments........................... 198
    Comment on peut faire soi-même des piles. Pile à
    l'acide seulement, pile-donnant un courant con-
    stant pendant plusieurs mois et même plusieurs
    années................................. 202
    Moules................................... 204
38. Moules métalliques, moules en alliage fusible... 205
    Moules plastiques, moules en cire à cacheter, en
    cire vierge, en stéarine, en plâtre, en soufre,
    en gutta-percha, en gélatine. Précautions à
    prendre pour copier un modèle en plâtre 207

Figures.   Pages.

Rendre conductrice de l'électricité, ou métalliser
les parties du moule qui doivent recevoir les
dépôts métalliques ; métalliser avec des poudres,
métalliser avec des solutions................ 212
Fixer les conducteurs aux moules............. 214
Vernir les parties des moules qui ne doivent pas
recevoir les dépôts métalliques.............. 215
Bains métalliques, bains d'or, d'argent, de platine,
de cuivre, de plomb........................ 216
Observations pratiques sur les dépôts métalliques. 217

APPLICATIONS DE LA GALVANOPLASTIE

Application à l'imprimerie, à la gravure, aux arts,
aciérer les plaques de cuivre gravées........ 220

ÉLECTRO-MÉTALLURGIE

Ses applications............................. 224
Application à l'art du fondeur................. *Ib.*
Cuivrage galvanique.......................... 227
Application à l'extraction des métaux.......... *Ib.*
Dorure et argenture, recuit, décrassage, déro-
chage, bain de décapage, blanchiment, ponçage,
dorure, mise en couleur, réserves ou épargnes,
argenture, dédorage et désargentage........ *Ib.*
Étamage et zingage , baquets de conservation.. 232

DÉPOTS MÉTALLIQUES DIRECTS

Dorure et argenture, dorure par immersion,
argenture par immersion.................... 233
Dorure au mercure........................... 234

Figures.   Pages.

Dorure et argenture à la feuille, or, couleur, ver-
nis, mixtion.................................. 235
Plaqué d'argent............................. 236
Étamage et fabrication du fer-blanc........... *Ib.*
Galvanisation du fer......................... 237
Étamage et argenture des glaces............. 238

TÉLÉGRAPHES

Différentes espèces de télégraphes............ 241

TÉLÉGRAPHES AÉRIENS

39, 40. Amontons, l'abbé Chappe, télégraphe Chappe,
régulateur, indicateur ; le docteur Guyot, Séma-
phores 242
Signaux employés sur mer................... 248
Téléphonie ou télégraphie musicale, M. Sudre. 249
Télégraphe solaire ou héliographe, M. Lescurre. 250

TÉLÉGRAPHES PNEUMATIQUES

41. Tubes acoustiques......................... 251
42. Sifflets à air pour l'intérieur des maisons, remplaçant les sonnettes........................ 254

TÉLÉGRAPHES ÉLECTRIQUES

Historique. Lesage, Sœmmering, OErstel, Ampère, Schweigger, Schilling, Alexandre, Arago. 255
43. Idée générale du télégraphe électrique, manipulateur, récepteur, fil de la ligne.............. 258

Figures.   Pages.

  44. Commutateur 260
  45. Sonnerie trembleuse de M. Bréguet........... 262
       Boussole..................................... 264
  46. Paratonnerre................................. Ib.
       Relais....................................... 266
47, 48, **Lignes télégraphiques**, aérienne, souterraine,
  49.   sous-marine, poteaux, supports, tendeurs.... Ib.

DIFFÉRENTS SYSTÈMES DE TÉLÉGRAPHES ÉLECTRIQUES

       Historique................................... 271

TÉLÉGRAPHES ÉLECTRIQUES A CADRAN

50, 51. Télégraphe employant les signes des télégraphes
         aériens. Appareil Bréguet.................. 272
52, 53 Télégraphe indiquant les lettres de l'alphabet, ap-
         pareil Bréguet............................. 275
  54.   Télégraphe à aiguilles de Cooke et Wheatstone.. 278

TÉLÉGRAPHES IMPRIMEURS

55, 56. Télégraphe de Morse, la clef, appareil régleur
         de M. Mouilleron. Cylindre de M. Garnier, mo-
         dification des frères Digney................ 280
  57.   Télégraphe électro-chimique de Bain.......... 285
  58.   Télégraphe de Hugues. Chariot............... 287
        Télégraphe Bonelli.......................... 291
  59.   Télégraphe ou Pantélégraphe de Caselli....... 292
        Différents systèmes de télégraphes électriques.. 297
        Applications des télégraphes électriques .... Ib.
        Progrès poursuivis et à réaliser............. 298
        Télégraphe sous-marin entre la France et l'Amé-
        rique....................................... 299

TÉLÉGRAPHES PARLANTS

Figures.		Pages.
60, 61.	Téléphone de M. Bell......................	291
62.	Phonographe de M. Edison..................	294
	Aérophone de M. Edison...................	297
	Combinaisons possibles du téléphone, du phonographe et de l'aérophone......	298

LES POSTES

Historique. Hérodote. Xénophon..............	299
Idée générale du service des postes en France..	300

FIN DE LA TABLE

Paris. — Imp. Gauthier-Villars, 55, quai des Grands-Augustins.